职业教育校企合作创新示范教材

# 机电一体化技术与实训

丁宏亮　　吴国良　主编

孙锦全　马旭洲　章彩涛　参编

中国铁道出版社

CHINA RAILWAY PUBLISHING HOUSE

# 内 容 简 介

本书编写以直观的教学仪器设备为载体，提炼实际生产企业的典型自动化生产线控制环节和过程并加以仿真，对机电一体化技术应用中的典型电气元件和设备进行重点介绍，与相关行业标准相对接，与产业、企业岗位需求相联系。

本书介绍了机电一体化技术的组成和基本概念、自动化控制设备 PLC 主流机型、FR-E740 变频器、低噪声细分步进驱动器、昆仑通态 TPC7062KS 触摸屏的基本应用知识、气动与液压传动知识及其他相关综合应用型知识。本书采用项目化的形式合理划分教学模块，内容以任务描述、任务分析、任务实施、知识链接、知能拓展、思考与练习的形式展开。项目任务由易到难，努力契合职业院校学生的学习特点，强调合理分工、团结协作，树立安全责任意识及遵循各项工作操作规范的职业素质的培养。

本书适合作为职业院校电气运行与控制、机电一体化等相关专业教学用书，也可作为教育培训机构开展实训的教学用书及相关工程技术人员的参考用书。

**图书在版编目（CIP）数据**

机电一体化技术与实训/丁宏亮，吴国良主编. —
北京：中国铁道出版社，2012.6（2018.1重印）
职业教育校企合作创新示范教材
ISBN 978-7-113-14602-3

Ⅰ.①机… Ⅱ.①丁… ②吴… Ⅲ.①机电一体化—
职业教育—教材 Ⅳ.①TH-39

中国版本图书馆 CIP 数据核字（2012）第 084217 号

书　　名：机电一体化技术与实训
作　　者：丁宏亮　吴国良　主编

策划编辑：蔡家伦　　　　　　　　　读者热线：(010) 63550836
责任编辑：李中宝
编辑助理：绳　超
封面设计：刘　颖
责任印刷：李　佳

出版发行：中国铁道出版社（100054，北京市西城区右安门西街 8 号）
网　　址：http://www.tdpress.com/51eds/
印　　刷：虎彩印艺股份有限公司
版　　次：2012 年 6 月第 1 版　　　2018 年 1 月第 3 次印刷
开　　本：787mm×1092mm　1/16　印张：11.5　字数：275 千
印　　数：4 001～4 400 册
书　　号：ISBN 978-7-113-14602-3
定　　价：23.00 元

# 序 言

PREFACE

职业技术教育的根本属性是它的实践性，其质量主要表现在学生专业技能技巧的熟练程度上。因此，实践教育是职业技术教育必不可缺的一种教学形式，加强学生操作技能的训练，在动手实践中练就过硬的本领，是缩短由学生到从业者之间距离的一个重要途径。

近年来，职业教育坚持"以服务为宗旨，以就业为导向"的办学方针，面向社会、面向市场办学，大力推进校企合作、工学结合、定岗实习的人才培养模式，确立了为社会主义事业培养数以亿计的高素质劳动者和技能型人才的目标。为进一步深化教学改革，加强学生职业技能，提高人才培养质量，特组织编写了《职业教育校企合作创新示范教材》丛书。

本丛书操作性很强，它紧扣职业院校培养目标和专业特点，在编写中，注重理论联系实际，突出学习（或培训）人员的能力本位、理论联系实际的要求，强化操作项目的权重，避免冗长乏味的叙述，行文简练、通俗易懂，以"实训项目"为核心重构理论和实践知识，让学生在真实的情景中，在动手做的过程中去感知、体验和领悟相关技能专业知识，从而提高学习兴趣，充分体现了"以学生为主体"的教学思想。

本丛书在编写过程中还力求突出以下几方面：

（1）依托实操载体，突出教材编写风格。丛书结合专业实训装置的优势，将教学思想和教改模式融于教材中，突出了职业教育的特色，凸显了实践能力的培养。编写中坚持"依托实体、图文并茂、深入浅出、知识够用、突出技能"20字方针。

（2）依据项目教学，突出应用性和实践性。丛书根据职业院校的教学实际，精简工作原理介绍，避免繁杂的教学推导和理论分析，打破以学科为中心，以知识为本位的教材体系，突出专业实用性，设置了情景导入、项目目标、知识链接、任务实施、任务评价、任务拓展，以及思考与练习等栏目。它不仅仅是传授知识，更为重要的是教会学生在工作场合如何运用所学的知识去解决实际的问题，充分体现"做中学"的职教特色。

（3）降低教学难度，提出职业技术教学的新方法。增加技术更新与产业升级带来的新知识、新技术、新材料、新工艺，使教学内容具有时代性和应用性。

（4）整合编写队伍，专业教师和工程人员共同参与。丛书由来自职业院校有丰富教学经验和实践能力的专业教师、工程技术人员共同完成。本丛书适合作为职业院校相关专业的教材用书，也可作为相关专业的继续教育培训用书。

衷心祝愿本丛书成为职业院校相关专业学生学习的良师益友，能够受到广大读者的欢迎和青睐。

2011 年深秋

# 前 言
FOREWORD

理论联系实际，教学与生产实践结合，为生产实际服务，并走在技术发展和应用的前沿，这是职业教育生存和发展的根本原因。现阶段，由于企业生产活动的盈利性和具体企业岗位知识和技能以及企业岗位人员数量限制和安全管理等因素的局限，使在校学生大规模地参与企业生产实践活动受到了现实的阻碍。这样，大力推动职业院校的实训教学，提高教学效果，必然成为职业院校提高教学质量的核心内容和有效途径。

实训是对项目课题所应用到的学科课程理论知识和技能知识点的综合教学，是学生对知识的集中强化记忆和规范操作规程并获取实践经验的手段，是学生第一次把学到的新知识、新技术、新工艺、新材料等应用于实践的场所，同时，又是职业教育融入素质教育环节的一种尝试。所以，实训教材编写的质量和内容尤为重要，也是目前职业教育教材编写的难点。本书的编写在这方面做了些尝试，以天煌光机电一体化实训考核装置为载体，希望把实训装置所涉及的学科知识、技能（通过知识链接和知能拓展的形式）、职业综合素质的培养内容融入实训项目课程教学之中，同时，与相关职业标准相对接，与产业、企业、岗位需求相联系。

本书按照"以项目为载体，任务作引领，工作过程为导向"的职业教育教学理念，按照光机电一体化实训考核装置的组成结构和机构动作顺序分解为七大项目编写。以三菱公司的主流机型 FX2N 系列 PLC、FR-E740 变频器、昆仑通态 TPC7062KS 触摸屏为主要使用对象，每个项目课题以项目引入、任务描述、任务分析、任务实施、知识链接、知能拓展、思考与练习的模式呈现。项目任务由浅入深，努力契合职业院校学生的思维结构特点。

本书由丁宏亮、吴国良任主编，孙锦全、马旭洲、章彩涛参与编写。教材中的项目 1、项目 3、项目 5 部分内容由丁宏亮编写，项目 4、项目 6 部分内容、项目 7 由吴国良编写，项目 2 和项目 5 部分内容由孙锦全编写，章彩涛、马旭洲分别参与了项目 2、项目 6 部分内容的编写。教材中的图样和图片由浙江天煌科技实业有限公司技术人员艾光波校对或绘制。编写过程中金国砥老师做了大量的前期工作，提供了编写模板和指导思想。章望生教授进行了审稿。许金福老师参与了校对，提出了宝贵建议。教材中部分项目内容参照了三菱和其他相关公司的技术资料和相关文献，本书项目应用了浙江天煌科技实业有限公司开发的教学设备，得到了公司领导的大力支持和技术人员的大力协助，在此一并表示衷心的感谢。

由于编者水平有限，书中难免存在纰漏和不足之处，恳请读者指正和谅解。

编 者

2012 年 1 月

# 目 录
CONTENTS

# 项目 1
## 安装机电一体化实训装置的机电部件

### 情景导入

学习机电一体化实训装置机电部件的安装，是学生了解实际机电设备机械、电气安装工艺、方法和施工规范的重要手段，是初步认识了解机械装配技术的有效途径，是训练学生机械识图能力的有效方法。

### 项目目标

- 理解机电一体化产品的定义和基本构成要素；
- 了解机电一体化实训装置；
- 学会安装机电一体化实训装置的机电部件；
- 了解机电一体化产品的相关技术；
- 了解机电设备安装维修的工作内容。

## 任务 1　参观机电一体化实训室

从人们日常生活所需的家电用品，到出行所用的交通工具，从办公自动化到现代企业生产设备的逐步智能化，现代社会的每一步发展进步都与机电技术的应用紧密相连，特别是机电一体化技术在产业自动化方面的应用，极大地提高了劳动生产率，推动了社会经济的发展，丰富着人们的生活。现代机电产品改变着人们生产生活的方方面面。

### 学习目标

- 理解机电一体化产品的定义和基本构成要素；
- 了解机电一体化实训装置；
- 了解机电设备安装维修的工作内容。

## 任务描述

参观机电一体化实训教室并了解相关知识内容。

## 任务分析

实训是学生在实践中学习理论知识和技能的活动，项目的实施需要有与实训课程项目相应的装置和场地等硬件设备的支持。本项目任务以天煌 THJDME-1 型光机电一体化实训考核装置为实训载体（也可采用其他教学仪器公司生产的类似产品）。

## 任务实施

1．项目训练任务的组织

（1）根据授课班级的人数完成学生实训教学分组；

（2）组织授课班级学生参观机电一体化实训室；

（3）深入了解光机电一体化实训装置。

2．项目训练准备注意事项

（1）实训场地应干净整洁，无环境干扰；

（2）实训场地内应设有三相电源并装有触电保护器；

（3）实训前由实训室管理人员检查各工位应准备的器材、工具是否齐全，所贴工位号是否有遗漏。

## 知识链接

### 机电一体化概述

#### 一、机电一体化产品的定义

机电一体化产品是机械本体与以微电子技术为核心的电气控制部件的有机结合，完成特定或预置功能的智能化机械产品。

1984 年美国机械工程协会的一位专家明确提出了现代机械系统的定义："由计算机信息网络协调与控制的，用于完成包括机械力、运动和能量流等动力学任务的机械和（或）机电部件相互联系的系统。"这一含义实质上是指机电一体化系统，它与以上定义是一致的。

#### 二、机电一体化产品的基本构成要素

一个较完善的机电一体化系统，应包括以下几个基本要素：机械本体、能源、检测识别环节（传感器）、执行机构、驱动部件、控制及信息处理单元，各要素和环节之间通过接口相联系。

（1）机械本体：系统所有功能要素的机械支持结构，包括机身、支架、机械连接等。

（2）能源：根据系统的控制要求，为系统提供能量和动力，是系统正常运行的能量源。如电源、提供气压源的气泵、提供液压源的液压泵等。

（3）检测识别环节（传感器）：对系统正常运行所需的各种参数进行检测，变成可识别的信号，传输到信息处理单元，供其诊断处理，产生相应的控制信息，从而协调各功能部件的动作。如机电一体化实训设备中的电感传感器、光电传感器、光纤传感器、磁性传感器等。

（4）驱动部分：其作用是将放大控制单元及信息处理单元发出的控制信息和指令信号，由提供动力驱动的执行机构完成相应的动作和功能。如步进电动机、交直流伺服电动机等。

（5）执行机构：其作用是根据控制信息和指令，完成规定的动作。一般采用机械、电磁、电液等机构。如机电一体化实训设备中的机械手、传送带输送机等。

（6）控制及信息处理单元：其作用是将来自各传感器的检测信息和外部输入命令进行综合、分析、处理，按照系统自身的时钟信号，发出相应的控制信息，协调系统各部分工作，实现系统的控制目标与功能。一般由计算机、可编程序控制器（PLC）、数控装置以及各种接口电路和计算机外部设备等组成。

以上6个要素有机的结合构成了机电一体化系统，其相互协调的关系可以与人体类比，用框图1-1说明如下：

计算机（光机电一体化实训考核装置中的可编程序控制器PLC）好比人的大脑；检测识别环节（传感器）好比人的五官和皮肤；机械本体好比人的骨骼系统；电源、气泵等能源好比人的心脏等器官；驱动部分就好比人的肌肉组织；执行机构就好比人的手和脚。机电一体化系统好比人在大脑的指挥下，协调一致地工作，完成特定的工作任务。

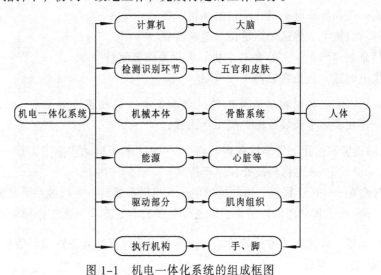

图1-1 机电一体化系统的组成框图

### 三、举例介绍光机电一体化实训装置

1. 光机电一体化实训考核装置的组成

图1-2是天煌THJDME-1型光机电一体化实训考核装置，结合机电一体化产品的定义可知其由以下几部分构成。

机械本体：包括型材实训台、井式工件库构件、机械手支撑件、传送带输送机构件、物件分拣机构件等。

图 1-2　天煌 THJDME-1 型光机电一体化实训考核装置实图

检测识别环节（传感器）：光电传感器、电感传感器、光纤传感器、磁性开关。

执行机构：三相异步电动机、步进电动机、气缸。

驱动部件：机械手、传送带运输机、退料装置。

控制及信息处理单元：三菱 PLC 主机、人机操作界面触摸屏。

能源：供电电源（包括变频器）和气泵。

2. 光机电一体化实训考核装置工作过程和各部件的相互协调关系

光机电一体化实训考核装置的典型工作流程：

（按钮或触摸屏软按钮）发出设备启动指令 ⟶ 上料机构动作推出物料 ⟶ 物料台光

　　　　　　　　　　　　　⟶ 无物料报警，停车待料

电传感器检测 ⟶ 有物料，驱动机械手 ⟶ 机械手抓料 ⟶ 机械手手臂旋转 ⟶ 机械手

放物料 ⟶ 传送和分拣机构动作，输送和分拣物料，完成一次工作循环。

以上是光机电一体化实训考核装置的一次典型工作过程，其各种控制信息都通过可编程序控制器 PLC 协调控制实现。

光机电一体化系统根据设定的工作任务（用计算机编制成程序写入 PLC）和启动指令，以可编程序控制器 PLC 为控制核心，通过各部件所装传感器，对物料有无、位置、材质、颜色及执行机构到位情况进行信息采集，由可编程序控制器 PLC 根据写入程序的逻辑关系，分析判断、逻辑运算，输出控制信号，协调各功能部件动作，达到拟定的工作目标。实训装置各部件的相互协调关系示意图如图 1-3 所示。

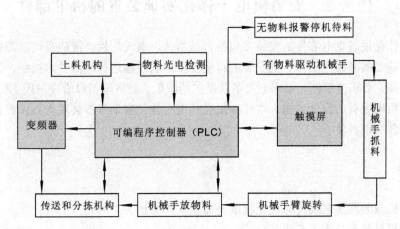

图1-3 THJDME-1型 光机电一体化实训考核装置各部件的相互协调关系示意图

**知能拓展**

### 机电设备的安装维修工作内容介绍

机电设备安装维修工作主要包括：

（1）机电设备初装：指根据机械零件装配图、设备组装图、电气原理图、电气安装图、接线图表，以及编制的安装工艺步骤等工程技术文件，按照工程施工规范，完成机电设备的整体安装，并经过调试和试运行，达到设计功能和技术指标，交付用户使用的全过程。

（2）机电设备点检：指机电设备关键工作部件的定时、定期地检测与检查，目的是了解设备是否处于良好的运行状态，以便发现设备的运行隐患，及时维修与维护，保证生产的正常进行。机电设备点检在机电设备运行或临时保养期间完成。

（3）机电设备小修：指更换损坏或影响机电设备性能的电气部件和部分机械易损件，从而恢复机电设备功能，达到满足生产需求的目标。机电设备小修在生产间隙完成。

（4）机电设备中修：指电气配件的过电压击穿、振动使电气接点松动而烧灼损坏等情况，机电设备的机械易损件和主要电气配件拆卸重装并调试运行正常，使机电设备运行处于较佳状态以满足生产需求。机电设备中修需要停产一定时间来完成。

（5）机电设备大修：指由于机电设备长期使用，其机械部件在使用过程中造成磨损，或其主要机械部件的精度已不能满足生产目标而需要进行更换。电气部件和配件由于环境的腐蚀、自然的老化，或过电压的作用造成击穿、碳化，以及电磁力等作用产生振动，使接点松动烧灼而损坏等情况，须进行整体更换，从而恢复设备功能以满足生产需求。机电设备大修需要停产较长时间来完成。

（6）机电设备报废：指机电设备长期使用，经过维修仍然不能满足生产要求，或已被先进的同类机电产品替代而应予以报废或淘汰。

## 任务 2  安装机电一体化实训装置的机电部件

机电一体化设备机电部件的安装（包括机械本体、电气配件、液压或气动部件），是机电设备制造或施工的基础性工作，其安装的精度直接影响设备运行时的技术指标，甚至影响设备运行时的功能，必须按照设计要求（大多以提供的图纸、表格等工程语言呈现）规范进行施工，准确地体现机电设备的设计意图。本任务以光机电一体化实训考核装置为具体设备组织实施机电部件的安装实训教学。

### 学习目标

- 按照机械装配工艺规范完成光机电一体化实训考核装置的硬件安装；
- 理解机械装配技术工艺规范；
- 了解机械传动知识和机械构件装接基础知识。

### 任务描述

完成光机电一体化实训考核装置机电部件实物安装并了解相关的知识内容。

### 任务分析

实施本项目任务时，相同的配件互换性要好且标准化，装置拆装的恢复性要好，安装尺寸、机械安装精度要较易控制，能适应学生实训时重复使用的需求。

### 任务实施

1. 实训器材

实训器材（见表 1-1）。

表 1-1  实训器材一览表

| 序　号 | 名　称 | 规　格 | 数　量 | 备　注 |
|---|---|---|---|---|
| 1 | 光机电一体化实训考核装置 | THJDME-1 型 | 1 台 | |
| 2 | 机械设备安装工具 | 活动扳手，内、外六角扳手，钢直尺、高度尺，水平尺，角度尺等 | 1 套 | |
| 3 | 黑色记号笔 | 自定 | 1 支 | |
| 4 | 劳保用品 | 绝缘鞋、工作服等 | 1 套 | |

**注：**机电一体化实训由两名同学组成一组分工协作完成，表 1-1 中所列工具、材料和设备仅针对一组而言，实训时应根据学生人数确定具体数量。

2. 光机电一体化实训考核装置的机电部件及安装步骤介绍

1）井式上料机构

井式上料机构的实物图如图 1-4 所示。

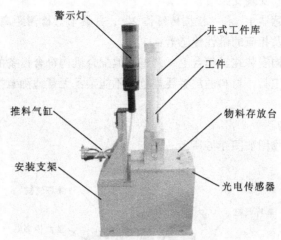

图 1-4　井式上料机构的实物图

井式上料机构由井式工件库、光电传感器、工件、物料存放台、推料气缸、安装支架等组成。主要完成将工件依次送至物料存放台的工作。设备运行中，如没有工件，报警指示黄灯闪烁，放入工件后黄灯自动停止闪烁。

井式上料机构安装图如图 1-5 所示。

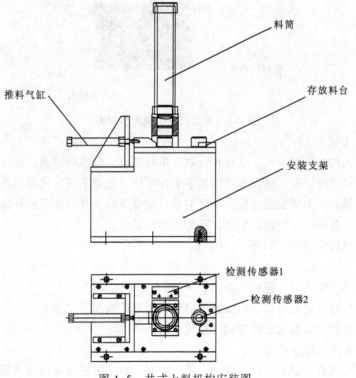

图 1-5　井式上料机构安装图

安装步骤：

（1）准备安装所需工具、螺钉、弹垫、平垫；

（2）根据图纸组装"安装支架"；

（3）安装"检测传感器1"和"检测传感器2"，并调节好检测距离；

（4）安装推料气缸及相应的磁性传感器；

（5）将整个上料机构安装在工作台上，调整其他配合机构符合设备的工作要求；

（6）操作过程中，工具、材料的放置要规范，不能杂乱无章地随意摆放，要符合安全文明生产的要求。

2）搬运机械手机构

搬运机械手机构实物图如图1-6所示。

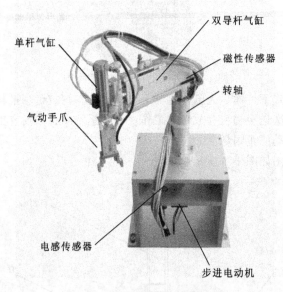

图1-6  搬运机械手机构实物图

主要组成与功能：

搬运机械手机构由气动手爪、双导杆气缸、单杆气缸、电感传感器、磁性传感器、步进电动机等组成。主要完成任务：通过气动机械手手臂前伸，前臂下降，气动手爪夹紧抓取物料，前臂上升，手臂缩回，手臂旋转到位，手臂前伸，前臂下降，气动手爪松开将物料放入料口，机械手返回原位，等待下一个物料到位，重复上面的动作。

搬运机械手机构安装图，如图1-7所示。

安装步骤：

（1）准备安装所需工具、螺钉、弹垫、平垫；

（2）根据图纸将步进电动机、检测传感器安装至对应的加工工件上；

（3）组装底座及安装好的步进电动机模块；

（4）安装转轴于机械手底座上；

（5）安装横臂气缸、前臂气缸、气动手爪，并装上对应的磁性检测传感器；

（6）将整个上料机构安装在工作台上，调整其他配合机构符合设备的工作要求；

（7）操作过程中，工具、材料的放置要规范，不能杂乱无章地随意摆放，要符合安全文明生产的要求。

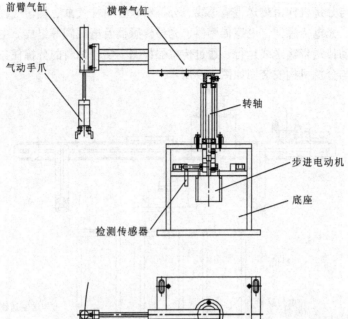

前臂气缸　　横臂气缸

气动手爪

转轴

步进电动机

底座

检测传感器

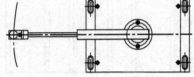

图 1-7　搬运机械手机构安装图

3）传送带输送与分拣机构

传送带输送与分拣机构实物图如图 1-8 所示。

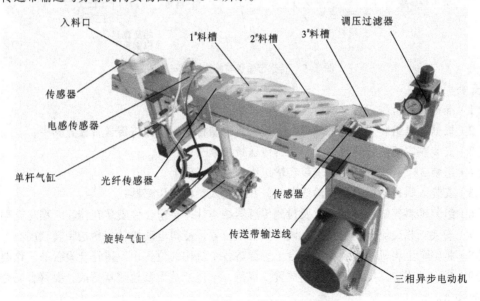

入料口　　　1#料槽　　2#料槽　　3#料槽　　调压过滤器

传感器

电感传感器

单杆气缸　　光纤传感器　　　传感器

旋转气缸　　　传送带输送线

三相异步电动机

图 1-8　传送带输送与分拣机构实物图

主要组成与功能：

传送带输送与分拣机构由传送带输送线、分拣料槽、单杆气缸、旋转气缸、三相异步电动机、磁性传感器、光电传感器、电感传感器、光纤传感器及电磁阀等组成。主要完成任务：三相异步电动机带动传送带输送线运行，通过传感器检测，实现物料的分拣任务。

传送带输送与分拣机构安装图如图1-9所示。

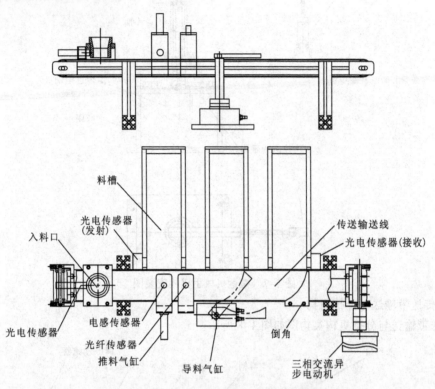

图1-9　传送带输送与分拣机构安装图

安装步骤：

（1）准备安装所需工具、螺钉、弹垫、平垫；

（2）根据图样组装"传送带输送与分拣"机构型材支架，并将传送带放置其中；

（3）安装左右两侧的转轴，调节使得传送带松紧适中；

（4）组装3个料槽，并将其安装在输送线的型材支架上；

（5）安装入料口结构件于传输线左侧，并安装入料检测传感器；

（6）组装推料气缸、导料气缸及检测传感器结构件，将组合件安装在传输线型材支架上；

（7）安装三相交流异步电动机，调节其安装位置，使得电动机轴与传送带转轴同心；

（8）将整个上料机构安装在工作台上，调整各个机构的位置，使得符合设备的工作要求；

（9）操作过程中，工具、材料的放置要规范，不能杂乱无章地随意摆放，要符合安全文明生产的要求。

天煌光机电一体化实训装置总组装图如图1-10所示。

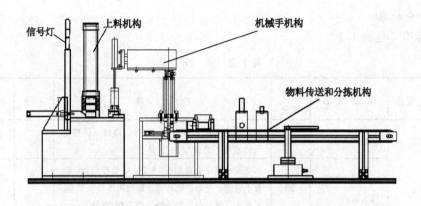

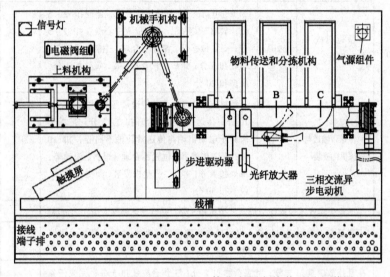

图1-10 THJDME-1型光机电一体化实训考核装置总组装图

3. 项目训练任务的组织

（1）根据授课班级人数完成学生实训教学分组；

（2）强调机械设备拆装安全注意事项及6S管理内容，6S是指：整理（Seiri）、整顿（Seiton）、清理（Seiso）、清洁（Seiketsu）、素养（Shitsuke）、安全（Safety）；

（3）介绍机械设备安装工具的使用；

（4）观看光机电一体化实训考核装置机电部件的拆装录像，明确拆装工艺步骤；

（5）分组完成光机电一体化实训考核装置机电部件拆装任务；

（6）完成一个实训工时单位（一般为半天）前，整理实训工位或工作台，使之有序整洁。

4. 项目训练准备注意事项

（1）实训场地应干净整洁，无环境干扰；

（2）实训场地内应设有三相电源并装有触电保护器；

（3）实训前由实训室管理人员检查各工位应准备的器材、工具是否齐全，所贴工位号是否有遗漏。

5. 评分标准

评分标准（见表1-2）。

表1-2 评 分 表

| 工作任务 | 配分 | 评分项目 | 项目配分 | 扣 分 标 准 | 扣分 | 得分 | 任务得分 |
|---|---|---|---|---|---|---|---|
| 设备组装 | 80 | 工作准备 | 10 | 工具准备不充分扣 2~5 分；螺钉、弹垫、平垫准备不充分扣 2~5 分 | | | |
| | | 井式上料机构安装 | 20 | 支架安装不合理扣 2~5 分；安装传感器，位置不合理、歪斜、松动等，每处扣 5 分；弹垫、平垫未安装，每处扣 1 分，最多扣 20 分 | | | |
| | | 搬运机械手机构安装 | 20 | 步进电动机及检测传感器安装不合理扣 2~5 分；转轴安装晃动，不在垂直中心线，扣 2~5 分；安装传感器，位置不合理、歪斜、松动等，每处扣 5 分；弹垫、平垫未安装，每处扣 1 分，最多扣 20 分 | | | |
| | | 传送带输送与分拣机构安装 | 30 | 型材支架歪斜，安装传送带晃动、跳动扣 5~10 分；传送带松紧不合理扣 2~5 分；三相交流异步电动机轴与传送带转轴不同心，扣 10 分；安装传感器，位置不合理、歪斜、松动等，每处扣 5 分；弹垫、平垫未安装，每处扣 1 分，最多扣 30 分 | | | |
| 安全文明操作 | 20 | | | 操作失误或违规操作造成器件损坏扣 5 分。恶意损坏器件取消实训成绩 | | | |
| | | | | 违反实训室规定和纪律，经指导老师警告第一次扣 10 分，第二次取消实训成绩 | | | |
| | | | | 乱摆放工具扣 2 分；乱丢杂物扣 2 分；工作台凌乱扣 5 分；完成任务后不清理工位扣 5 分，本项目 20 分扣完为止 | | | |
| 总得分 | | | | | | | |

## 知识链接

### 简述机械连接

**一、机械装配技术工艺规范**

1. 装配工艺过程基本原则

（1）保证产品的装配质量，以延长产品的使用寿命。

（2）合理安排装配顺序和工序，尽量减少机械装配工的手工劳动量，缩短装配周期，提高装配效率。

（3）尽量减少装配占地面积。

（4）尽量减少装配工作的成本。

2. 制订装配工艺规程的步骤

1）研究产品的装配图及验收技术条件

（1）审核产品图样的完整性、正确性。

（2）分析产品的结构工艺性。

（3）审核产品装配的技术要求和验收标准。

（4）分析和计算产品装配尺寸链。

2）确定装配方法与组织形式

（1）装配方法的确定：主要取决于产品的结构、尺寸大小和质量，以及产品的生产工艺。

（2）装配组织形式。

① 固定式装配：全部装配工作在一固定的地点完成。适用于单件小批量生产和体积大、质量大的设备的装配。

② 移动式装配：是将零部件按装配顺序从一个装配地点移动到下一个装配地点，分别完成一部分装配工作，各装配点工作的总和就是整个产品的全部装配工作。适用于大批量生产。

3）划分装配单元，确定装配顺序

（1）将产品划分为套件、组件和部件等装配单元，进行分级装配。

（2）确定装配单元的基准零件。

（3）根据基准零件确定装配单元的装配顺序。

4）划分装配工序

（1）划分装配工序，确定工序内容（如清洗、刮削、平衡、过盈连接、螺纹连接、校正、检验、试运转、油漆、包装等）。

（2）确定各工序所需的设备和工具。

（3）制定各工序装配操作规范。如过盈配合的压入力等。

（4）制定各工序装配质量要求与检验方法。

（5）确定各工序的时间定额，平衡各工序的工作节拍。

5）编制

编制装配工艺文件。

## 二、机械传动的特点及要求

机械传动的作用是传递运动和力。常用机械传动系统的类型包括齿轮传动、蜗轮蜗杆传动、带传动、链传动等。

### 1. 齿轮传动

1）齿轮传动的分类

（1）分类依据：按主动轴和从动轴在空间的相对位置形成的平面和空间分类。

① 两平行轴之间的传动——平面齿轮传动。

② 两相交轴或交错轴之间的传动——空间齿轮传动。

（注：蜗轮蜗杆传动也属齿轮传动，是传递空间两垂直轴运动的齿轮传动。）

（2）传动的基本要求：瞬间角速度之比保持不变。

2）渐开线齿轮的主要特点

（1）传动比准确、稳定、效率高。

（2）工作可靠性高，寿命长。

（3）制造精度高，成本高。

（4）不适于远距离传动。

3）渐开线齿轮的主要应用

渐开线齿轮的主要应用于工程中的减速器、变速箱等。

2．蜗轮蜗杆传动

1）适用场合

适用于空间垂直轴的运动传递。

2）正确传动的啮合条件

蜗杆轴向模数和轴向压力角分别等于蜗轮端面模数和端面压力角。

3）蜗轮蜗杆传动的主要特点

（1）传动比大，结构紧凑。

（2）轴向力大、易发热、效率低。

（3）一般只能单项传动。

3．带传动

1）适用场合

适用于两轴平行且转向相同的场合。

2）带传动的主要特点

（1）挠性好，可缓和冲击，吸振。

（2）结构简单、成本低廉，传动距离较远。

（3）过载会打滑，能起保护作用。

（4）传动比不保证。

（5）传动机构外尺寸较大，寿命短，效率低。

4．链传动

1）适用场合

适用于两轴平行且转向相同的场合。

2）链传动的主要特点

（1）与带传动相比没有弹性滑动和打滑，能保证准确的传动比。

（2）与齿轮传动比较，制造、安装精度要求低，中心距较大，结构简单，但瞬时传动比不是常数，传动平稳性差。

### 三、机械构件装接基础知识

机械装配就是按照设计的技术要求实现机械零件或部件的连接，把机械零件或部件组合成机器。机械装配是机器制造和修理的重要环节，装配工作的好坏对机器的效能、修理的工期和成本等都起着非常重要的作用。

根据规定的技术要求，将零件或部件进行配合和连接，使之成为半成品或成品的过程，称为装配。机器的装配是机器制造过程中的最后一个环节，它包括装配、调整、检验和试验等工作。装配过程使零件、套件、组件和部件间获得一定的相互位置关系，装配过程是一种工艺过程。

机械装配是机械制造中最后决定机械产品质量的重要工艺过程。即使是全部合格的零件，如果装配不当，往往也不能形成质量合格的产品。简单的产品可由零件直接装配而成。复杂的产品则须先将若干零件装配成部件，称为部件装配；然后将若干部件和另外一些零件装配成完整的产品，称为总装配。产品装配完成后需要进行各种检验和试验，以保证其装配质量和使用性能，有些重要的部件装配完成后还要进行测试。

机械装配方法有：

**1. 螺纹连接**

用扳手或电动、气动、液压等拧转工具紧固各种螺纹连接件，以达到一定的紧固力矩。

机械装配采用过盈配合连接，即应用压合、热胀（外连接件）、冷缩（内连接件）和液压锥度套合等方法实现连接，使各部件得到紧密的结合。

**2. 胶接**

应用工程胶黏剂和胶接工艺连接金属零件或非金属零件，操作简便，且易于机械化处理。

机械装配还可应用焊接、铆接、滚边、压圈和浇铸连接等其他装配工艺，以满足各种不同产品结构的需要。

## 知能拓展

### 机电一体化产品相关技术简介

**1. 机械技术**

机械技术是机电一体化的基础，它把其他高新技术与传统机械技术相结合，实现结构、材料、性能上的优化，从而满足减小质量和体积、提高精度和刚性、改善功能和性能的要求。

**2. 计算机与信息处理技术**

计算机是实现信息处理的核心设备。在机电一体化系统中，计算机与其他信息处理部件控制着整个系统的运行，直接影响着系统的工作效率和质量。

**3. 系统技术**

系统技术是从全局的角度和系统的目标出发，以整体的眼光组织应用各种相关技术，将总体分解成相互联系的若干功能单元，找出可以实现的技术方案。

接口技术是系统技术中的一个重要方面，是实现系统各部分有机联系的保证。包括了电气接口技术、机械接口技术、人机接口技术等。

**4. 自动控制技术**

自动控制技术的内容广泛，包括了高精度定位、自适应、自诊断、校正、补偿、再现、检索等控制技术。

**5. 传感与检测技术**

传感与检测是系统的感受器官，传感与检测技术是将被测量的信号变换成系统可以识别的、具有确定对应关系的有用信号的技术。

**6. 伺服传动技术**

伺服传动是由计算机通过接口与电动、气动、液压等各种类型的传动装置相连接，从而实现各种形式运动的技术。

## 思考与练习

**一、判断题**（将判断结果填入括号中。正确的填"√"，错误的填"×"）

1. 机电一体化产品是在传统的机械产品上加上现代电气而成的产品。 （　　）
2. 机电一体化是多学科领域综合交叉的技术密集型系统工程。 （　　）

**二、选择题**（选择一个正确的答案，将相应的字母填入题内的括号中）

1. 机电一体化技术是微电子技术、计算机技术、信息技术与（　　）相结合的综合性新技术。

　　A. 力学技术　　　　B. 机械技术　　　　C. 加工工艺技术　　D. 控制技术

2. 机电一体化是传统机械工业被微电子技术逐步渗透过程中所形成的一个新概念，它是（　　）、机械技术相互交融的产物，是集多种技术于一体的一门新兴的交叉学科。

　　A. 电子技术　　　　B. 自动控制技术　　C. 微电子技术　　　D. 计算机技术

**三、思考题**

1. THJDME-1 型光机电一体化实训考核装置中，机械传动有几种类型，特点是什么？
2. 机电一体化产品的定义是什么？
3. 简述机电一体化产品的基本构成要素。
4. 简述机械装配的概念。
5. 简述机电一体化产品相关技术。

# 项目 2

## 用变频器控制三相异步电动机

### 情景导入

三相异步电动机由于结构简单、运行平稳、制作和维护成本低，是工业现场应用最为广泛的动力设备。三相异步电动机的运行控制方式较多，有继电器-接触器控制方式、软启动控制方式、驱动器控制方式、变频器控制方式等。随着变频技术的不断成熟，变频器驱动的三相异步电动机已日益广泛应用在节能、环保等工业领域。交流变频调速的良好技术性能，在自动控制调速装置中也占有越来越大的份额。

本项目通过具体案例，学习使用 FR-E740 变频器，掌握变频器控制三相异步电动机的相关基础知识。

### 项目目标

- 通过使用 FR-E740 变频器的实际案例，熟悉变频器参数设置的有关基础知识；
- 掌握变频器的典型应用并会举一反三；
- 掌握电气制图的基本要求及规范知识；
- 理解变频调速的基本概念。

## 任务　学会变频器控制三相异步电动机的运行

目前变频器已广泛应用在工业控制领域。变频器的选型、控制电路的安装、调试以及变频器的维护等是机电设备安装调试中非常重要的工作。变频器不同于其他的电气控制设备，控制线路设计安装相对比较简单，但是变频器有众多的运行参数需要设定，不同的参数导致电动机运行状况是不一样的。学习利用变频器控制三相异步电动机的关键是要熟悉变频器面板功能和功能参数的设置。

### 学习目标

- 熟悉 FR-E740 变频器各端子的功能；
- 熟练掌握 FR-E740 变频器面板功能，并会进行运行模式的调试；
- 了解变频器的功能参数，掌握其中的基本功能参数并会设置；

- 会按照三相异步电动机的不同控制要求，利用说明书熟练设置变频器参数；
- 会设计安装调试典型的变频器控制电路，并实现电路功能。

## 子任务1 基于 PLC 数字量方式的变频器外部端子正反转控制

### 任务描述

掌握基于 PLC 数字量方式的变频器外部端子正反转控制的基本思路。

### 任务分析

1. 控制要求

正确设置变频器输出的额定频率、额定电压、额定电流、额定功率、额定转速。通过外部端子控制电动机启动/停止、正转/反转。

要求按下按钮"SB1"电动机正转启动，按下按钮"SB3"电动机停止，待电动机停止运转，按下按钮"SB2"电动机反转；运用操作面板改变电动机运行频率和加减速时间。

2. 控制线路原理图及 PLC 的 I/O 地址对照表

PLC 与变频器控制线路原理图如图 2-1 所示，I/O 地址见表 2-1。

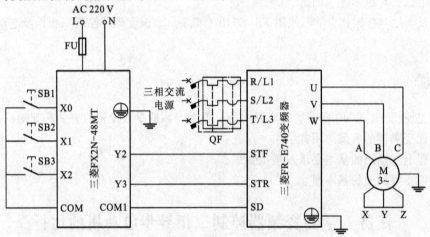

图 2-1 PLC 与变频器控制线路原理图

PLC 的 I/O 对照表见表 2-1。

表 2-1 PLC 的 I/O 对照表

| 输 入 信 号 | | 输 出 信 号 | |
|---|---|---|---|
| 按钮 SB1 | PLC 端子 X0 | Y2 | 变频器 STF 端子 |
| 按钮 SB2 | PLC 端子 X1 | Y3 | 变频器 STR 端子 |
| 按钮 SB3 | PLC 端子 X2 | | |

### 任务实施

1. 实训器材

实训器材（见表 2-2）。

表 2-2　实训器材一览表

| 序　号 | 名　　称 | 规　　格 | 数量 | 备　注 |
|---|---|---|---|---|
| 1 | 单相交流电源 | ~ 220 V、10 A | 1 处 | |
| 2 | 三相四线交流电源 | ~ 3 × 380 / 220 V、20 A | 1 处 | |
| 3 | 光机电一体化实训考核装置 | THJDME-1 型 | 1 台 | |
| 4 | 编程计算机及编程软件 | 主流计算机，安装三菱 GX Developer 编程软件 | 1 套 | |
| 5 | 三菱 PLC 主机 | FX2N-48MT（晶体管输出） | 1 台 | |
| 6 | 变频器模块 | FR-E740，三相输入，功率：0.75 kW | 1 个 | |
| 7 | 万用表 | 自定 | 1 只 | |
| 8 | 电工工具 | 电工常用工具 | 1 套 | |
| 9 | 绝缘冷压端子 | 一字形 | 若干 | |
| 10 | 导线 | 0.75 mm$^2$ 或自定 | 若干 | |
| 11 | 电动机 | 三相交流减速电动机<br>型号：80YS25GY38X/80GK50<br>功率 25 W，三相 380 V 供电，减速比 1:10 | 1 台 | |
| 12 | 异形管 | 1 mm$^2$ | 1 m | |
| 13 | 扎线 | 自定 | 若干 | |
| 14 | 黑色记号笔 | 自定 | 1 支 | |
| 15 | 劳保用品 | 绝缘鞋、工作服等 | 1 套 | |

**注**：机电一体化实训由两名同学组成一组分工协作完成，表 2-2 中所列工具、材料和设备，仅针对一组而言，实训时应根据学生人数确定具体数量。

2. **项目任务操作步骤**

（1）检查实训设备、器材是否齐全；

（2）按照 PLC 与变频器控制电路原理图完成电气接线，认真检查，确保正确无误；

（3）打开电源开关，按照变频器参数功能表正确设置变频器参数（见表 2-3）；

表 2-3　变频器参数功能表

| 序　号 | 变频器参数 | 出厂值 | 设定值 | 功 能 说 明 |
|---|---|---|---|---|
| 1 | Pr.1 | 120 | 50 | 上限频率（50 Hz） |
| 2 | Pr.2 | 0 | 0 | 下限频率（0 Hz） |
| 3 | Pr.7 | 5 | 10 | 加速时间（10 s） |
| 4 | Pr.8 | 5 | 10 | 减速时间（10 s） |
| 5 | Pr.9 | 0 | 0.35 | 电子过电流保护（0.35 A） |
| 6 | Pr.160 | 9 999 | 0 | 用户参数组读取选择（设置 0 为选取所有参数） |
| 7 | Pr.79 | 0 | 3 | 操作模式选择（设置 3 为外部 / PU 组合运行模式 1） |
| 8 | Pr.179 | 61 | 61 | STR 端子功能选择（设置 61 为反转指令，只能分配给 STR 端子） |

**注意**：设置参数前先将变频器参数复位为工厂的默认设定值。

（4）打开示例程序或用户自己编写的控制程序，进行编译，有错误时根据提示信息修改，直至无误，用 SC-09 通信编程电缆连接计算机串口与 PLC 通信口，打开 PLC 主机电源开关，下载程序至 PLC 中，下载完毕后将 PLC 的 RUN/STOP 开关拨至 RUN 状态。

参考程序如图 2-2 所示。

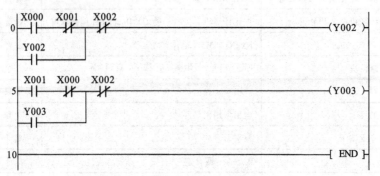

图 2-2  电动机正反转控制程序

（5）用变频器面板旋钮设定变频器运行频率。

（6）按下按钮"SB1"，观察并记录电动机的运转情况。

（7）按下按钮"SB3"，等电动机停止运转后，按下按钮"SB2"，观察并记录电动机的运转情况。

（8）实训完毕进行 6S 整理。

（9）操作过程中，工具、材料的放置要规范，不能杂乱无章地随意摆放，要符合安全文明生产的要求。

**说明**：基于数字量方式的变频器外部端子正反转也可用按钮直接控制实施，这部分内容可以作为练习题请同学思考，画出接线图，并调试实践。

3. 项目训练任务的组织

（1）根据授课班级人数完成学生实训教学分组；

（2）强调电气线路安全注意事项及 6S 管理内容；

（3）分组完成光机电一体化实训装置电气线路的安装调试任务；

（4）完成一个实训工时单位前，整理实训工位或工作台，使之有序整洁。

4. 项目训练准备注意事项

（1）实训场地应干净整洁，无环境干扰；

（2）实训场地内应设有三相电源并装有触电保护器；

（3）实训前由实训室管理人员检查各工位应准备的器材、工具是否齐全，所贴工位号是否有遗漏。

5. 评分标准

评分标准（见表 2-4）。

表 2-4　评　分　表

| 工作任务 | 配分 | 评分项目 | 项目配分 | 扣 分 标 准 | 扣分 | 得分 | 任务得分 |
|---|---|---|---|---|---|---|---|
| 电路安装及电路绘制 | 35 | 工作准备 | 5 | 工具材料准备不充分扣 2～5 分 | | | |
| | | 电路连接 | 10 | 电路接线错误，每处扣 3 分，最多扣 10 分 | | | |
| | | 连接工艺 | 10 | 接线端子导线超过 2 根、导线露铜过长、布线零乱，每处扣 2 分，最多扣 10 分 | | | |
| | | 电路图绘制 | 10 | 电路图绘制不规范，文字符号、图形符号错误、图面不合理等扣 2～10 分；图面不整洁扣 2～5 分 | | | |
| 程序与调试 | 45 | PLC 程序输入 | 10 | PLC 程序输入不正确，扣 5～10 分；不会选择 PLC 型号扣 5 分，最多扣 10 分 | | | |
| | | 变频器设置 | 25 | 变频器参数不会设置，扣 25 分；变频器参数设置不正确，每处扣 5 分，最多扣 25 分 | | | |
| | | PLC 程序调试 | 10 | PLC 程序不会下载到 PLC，扣 5 分；修改 PLC 程序不熟练，扣 2～5 分 | | | |
| 安全文明操作 | 20 | | | 操作失误或违规操作造成器件损坏扣 5 分。恶意损坏器件取消实训成绩 | | | |
| | | | | 违反实训室规定和纪律，经指导老师警告第一次扣 10 分，第二次取消实训成绩 | | | |
| | | | | 乱摆放工具扣 2 分；乱丢杂物扣 2 分；工作台凌乱扣 5 分；完成任务后不清理工位扣 5 分，本项目 10 分扣完为止 | | | |
| | | | | 总得分 | | | |

# 子任务 2　多段速度选择变频调速

## 任务描述

掌握多段速度选择变频调速的基本思路。

## 任务分析

1. 控制要求

正确设置变频器输出的额定频率、额定电压、额定电流、额定功率、额定转速。通过外部端子控制电动机多段速度运行，开关 S1 闭合发出变频器正转运行指令，开关 S2、S3、S4、S5 按不同的方式组合闭合，变频器可实现 15 种不同的频率输出。运用操作面板设定电动机运行加减速时间。

2. 控制线路原理图

变频器控制线路原理图如图 2-3 所示。

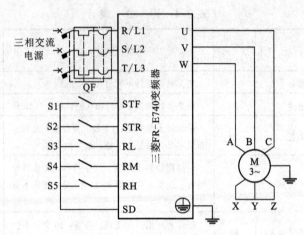

图 2-3　变频器控制线路原理图

## 任务实施

1. 实训器材（见表 2-5）

实训器材（见表 2-5）。

表 2-5　实训器材一览表

| 序　号 | 名　称 | 规　格 | 数　量 | 备　注 |
|---|---|---|---|---|
| 1 | 单相交流电源 | ~220 V、10 A | 1 处 | |
| 2 | 三相四线交流电源 | ~3×380/220 V、20 A | 1 处 | |
| 3 | 光机电一体化实训考核装置 | THJDME-1 型 | 1 台 | |
| 4 | 变频器模块 | FR-E740，三相输入，功率：0.75 kW | 1 个 | |
| 5 | 万用表 | 自定 | 1 只 | |
| 6 | 电工工具 | 电工常用工具 | 1 套 | |
| 7 | 绝缘冷压端子 | 一字形 | 若干 | |
| 8 | 导线 | 0.75 mm² 或自定 | 若干 | |
| 9 | 电动机 | 三相交流减速电动机<br>型号：80YS25GY38X/80GK50<br>功率 25 W，三相 380 V 供电，减速比 1:10 | 1 台 | |
| 10 | 异形管 | 1 mm² | 1 m | |
| 11 | 扎线 | 自定 | 若干 | |
| 12 | 黑色记号笔 | 自定 | 1 支 | |
| 13 | 劳保用品 | 绝缘鞋、工作服等 | 1 套 | |

　　注：机电一体化实训由两名同学组成一组分工协作完成，表 2-5 中所列工具、材料和设备，仅针对一组而言，实训时应根据学生人数确定具体数量。

2．项目任务操作步骤

（1）检检查实训设备、器材是否齐全；

（2）按照变频器控制电路原理图完成电气接线，认真检查，确保正确无误；

（3）打开电源开关，按照变频器参数功能表正确设置变频器参数（见表2-6）；

表2-6 变频器参数功能表

| 序　号 | 变频器参数 | 出 厂 值 | 设 定 值 | 功 能 说 明 |
|---|---|---|---|---|
| 1 | Pr.1 | 120 | 50 | 上限频率（50 Hz） |
| 2 | Pr.2 | 0 | 0 | 下限频率（0 Hz） |
| 3 | Pr.7 | 5 | 5 | 加速时间（5 s） |
| 4 | Pr.8 | 5 | 5 | 减速时间（5 s） |
| 5 | Pr.9 | 0 | 0.35 | 电子过电流保护（0.35 A） |
| 6 | Pr.160 | 9 999 | 0 | 扩张功能显示选择 |
| 7 | Pr.79 | 0 | 3 | 操作模式选择 |
| 8 | Pr.179 | 61 | 8 | 多段速运行指令 |
| 9 | Pr.180 | 0 | 0 | 多段速运行指令 |
| 10 | Pr.181 | 1 | 1 | 多段速运行指令 |
| 11 | Pr.182 | 2 | 2 | 多段速运行指令 |
| 12 | Pr.4 | 50 | 5 | 固定频率1 |
| 13 | Pr.5 | 30 | 10 | 固定频率2 |
| 14 | Pr.6 | 10 | 15 | 固定频率3 |
| 15 | Pr.24 | 9 999 | 18 | 固定频率4 |
| 16 | Pr.25 | 9 999 | 20 | 固定频率5 |
| 17 | Pr.26 | 9 999 | 23 | 固定频率6 |
| 18 | Pr.27 | 9 999 | 26 | 固定频率7 |
| 19 | Pr.232 | 9 999 | 29 | 固定频率8 |
| 20 | Pr.233 | 9 999 | 32 | 固定频率9 |
| 21 | Pr.234 | 9 999 | 35 | 固定频率10 |
| 22 | Pr.235 | 9 999 | 38 | 固定频率11 |
| 23 | Pr.236 | 9 999 | 41 | 固定频率12 |
| 24 | Pr.237 | 9 999 | 44 | 固定频率13 |
| 25 | Pr.238 | 9 999 | 47 | 固定频率14 |
| 26 | Pr.239 | 9 999 | 50 | 固定频率15 |

（4）打开开关 S1，启动变频器；

（5）切换开关 S2、S3、S4、S5 的通断，观察并记录变频器的输出频率，见表 2-7；

表 2-7 记 录 表

| S2 | S3 | S4 | S5 | 输 出 频 率 |
|---|---|---|---|---|
| OFF | OFF | OFF | OFF | |
| OFF | ON | OFF | OFF | |
| OFF | OFF | ON | OFF | |
| OFF | OFF | OFF | ON | |
| OFF | ON | ON | OFF | |
| OFF | ON | OFF | ON | |
| OFF | OFF | ON | ON | |
| OFF | ON | ON | ON | |
| ON | OFF | OFF | OFF | |
| ON | OFF | OFF | OFF | |
| ON | OFF | ON | OFF | |
| ON | ON | OFF | OFF | |
| ON | OFF | OFF | ON | |
| ON | ON | OFF | ON | |
| ON | OFF | OFF | ON | |
| ON | ON | ON | ON | |

（6）实训完毕进行 6S 整理；

（7）操作过程中，工具、材料的放置要规范，不能杂乱无章地随意摆放，要符合安全文明生产的要求。

3．项目训练任务的组织

（1）根据授课班级人数完成学生实训教学分组；

（2）强调电气线路安全注意事项及 6S 管理内容；

（3）分组完成光机电一体化实训装置电气线路的安装调试任务；

（4）完成一个实训工时单位前，整理实训工位或工作台，使之有序整洁。

4．项目训练准备注意事项

（1）实训场地应干净整洁，无环境干扰；

（2）实训场地内应设有三相电源并装有触电保护器；

（3）实训前由实训室管理人员检查各工位应准备的器材、工具是否齐全，所贴工位号是否有遗漏。

5．评分标准

评分标准（见表 2-8）。

表 2-8　评　分　表

| 工作任务 | 配分 | 评分项目 | 项目配分 | 扣分标准 | 扣分 | 得分 | 任务得分 |
|---|---|---|---|---|---|---|---|
| 电路安装及电路绘制 | 35 | 工作准备 | 5 | 工具材料准备不充分扣 2~5 分 | | | |
| | | 电路连接 | 10 | 电路接线错误，3 分/处，最多扣 10 分 | | | |
| | | 连接工艺 | 10 | 接线端子导线超过 2 根、导线露铜过长、布线零乱：2 分/处，最多扣 10 分 | | | |
| | | 电路图绘制 | 10 | 电路图绘制不规范，文字符号、图形符号错误、图面不合理等扣 2~10 分；图面不整洁扣 2~5 分 | | | |
| 变频器设置与调试 | 45 | 变频器参数设置 | 40 | 变频器参数不会设置，扣 40 分；变频器参数设置不正确，5 分/处；变频器参数设置不熟练，扣 5 分；不会清除参数扣 10 分，最多扣 40 分 | | | |
| | | 变频器面板控制 | 5 | 不会用变频器面板控制电动机运行扣 5 分 | | | |
| 安全文明操作 | 20 | 操作失误或违规操作造成器件损坏扣 5 分。恶意损坏器件取消实训成绩 | | | | | |
| | | 违反实训室规定和纪律，经指导老师警告第一次扣 10 分，第二次取消实训成绩 | | | | | |
| | | 乱摆放工具扣 2 分；乱丢杂物扣 2 分；工作台凌乱扣 5 分；完成任务后不清理工位扣 5 分，本项目 10 分扣完为止 | | | | | |
| 总得分 | | | | | | | |

## 知识链接

### 认识变频器

#### 一、E700 系列变频器 FR-740 的外观及各功能端子的作用

**1. 三菱 FR-E740 外观**

三菱 FR-E740 变频器外观图如图 2-4 所示。

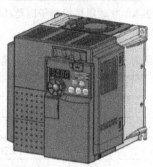

图 2-4　变频器外观图

**2. 端子接线图**

变频器接线端子图及功能如图 2-5 所示。

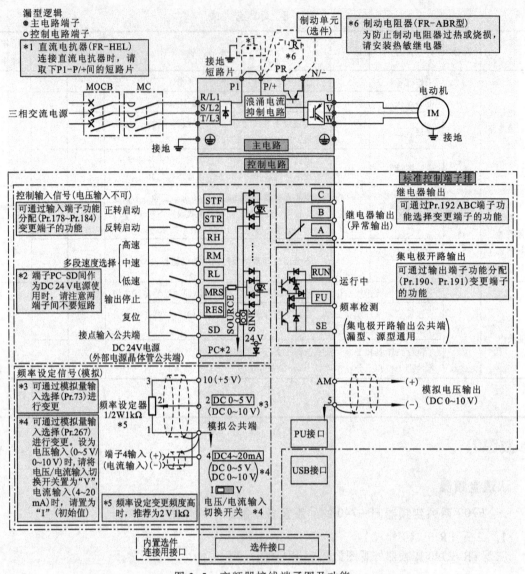

图 2-5　变频器接线端子图及功能

（1）主电路接线端子功能介绍，见表 2-9。

表 2-9　主电路接线端子功能

| 端子记号 | 端子功能 | 说　明 |
|---|---|---|
| L1、L2、L3 | 电源输入 | 连接工频电源 |
| U、V、W | 变频器输出 | 接三相鼠笼式电动机 |
| P/+、PR | 连接制动电阻器 | 在端子 P/+ 与 PR 间连接制动电阻器选件(FR-ABR) |
| P/+、N/- | 连接制动单元 | 连接选件制动单元或高功率因数整流器 |
| P/+、P1 | 连接改善功率因数 DC 电抗器 | 拆开端子 P/+、P1 间短路片，连接选件改善功率因数用直流电抗器 |
| ⏚ | 接地端子 | 变频器外壳接地用，必须接大地 |

（2）控制电路输入信号接线端子功能介绍见表 2-10，输出信号接线端子功能介绍见表 2-11。

表 2-10 控制电路输入信号接线端子功能

| 类 | 型 | 端子记号 | 端子名称 | 说 | 明 |
|---|---|---|---|---|---|
| 输入信号 | 接点输入 | STF | 正转启动 | STF 信号处于 ON 时正转，处于 OFF 时便停止 | 当 STF 和 STR 信号同时处于 ON 时，相当于给出停止指令 |
| | | STR | 反转启动 | STR 信号处于 ON 时为逆转，处于 OFF 时停止 | |
| | | RH、RM、RL | 多段速度选择 | 用 RH、RM 和 RL 信号的组合可以选择多段速度 | 输入端子功能选择（Pr.180~Pr.183）用于改变端子功能 |
| | | MRS | 输出停止 | MRS 信号处于 ON（20 ms 以上）时，变频器输出停止用电磁制动停止电动机时，用于断开变频器的输出 | |
| | | RES | 复位 | 用于解除保护回路动作的报警输出。使端子 RES 信号处于 ON 在 0.1 s 以上，然后断开。初始设定为始终可进行复位。但在 Pr.75 设定后，仅在变频器报警发生时进行复位。复位所需时间为 1 s | |
| | SD | | 接点输入公共输入端（漏型）（初始设定） | 接点接入输入端子的公共端 | |
| | | | 外部晶体管公共端（源型） | 源型逻辑时当连接晶体管输出、将晶体管的输出用的外部电源公共端接到该端子时，可以防止因漏电引起的误动作 | |
| | | | DC 24 V 电源公共端 | DC 24 V、0.1 A 电源的公共端子。与端子 5 及端子 SE 绝缘 | |
| | PC | | 接点输入公共端（源型） | 接点输入端子（源型逻辑）的公共端子 | |
| | | | DC 24 V 电源 | 可以作为 DC 24 V，0.1 A 电源使用 | |
| | | | 外部晶体管公共端（源型）（可初始设定） | 漏型逻辑时当连接晶体管输出（集电极开路输出），例如，可编程序控制器（PLC），将晶体管输出用的外部电源公共端接到这个端子时，可以防止因漏电引起的误动作 | |
| 模拟 | 频率设定 | 10 | 频率设定用电源 | 作为用电位器外接频率设定（速度设定）时的电源 | |
| | | 2 | 频率设定（电压） | 输入 0~5 V（或 0~10 V）时，5 V（或 10 V）对应于为最大输出频率。输入、输出成比例。通过 Pr.73 进行两者间的切换操作 | |
| | | 4 | 频率设定（电流） | 输入 DC 4~20 mA 时，20 mA 为最大输出频率，输入、输出成比例。只在端子 AU 信号（见图 2-5 注*4）处于 ON 时，该输入信号有效（电压输入失效），输入阻抗约 250 Ω，允许最大电流为 30 mA | |
| | | 5 | 频率设定公共端 | 频率设定信号（端子 2 或 4）和模拟输出端子（AM）的公共端子。不要接大地 | |

表 2-11 控制电路输出信号接线端子功能

| 类型 | | 端子记号 | 端子名称 | 说 | 明 |
|---|---|---|---|---|---|
| 输出信号 | 接点 | A、B、C | 继电器输出（异常输出） | 指示变频器因保护功能动作时输出停止的接点输出。异常时：B-C 间不导通 (A-C 间导通)；正常时：B-C 间导通 (A-C 间不导通) | 输出端子的功能选择 通过（Pr.190~Pr.192）改变端子功能 |
| | 集电极开路 | RUN | 变频器正在运行 | 变频器输出频率大于或等于启动频率（初始值为 0.5 Hz）时为低电平；已停止或正在直流制动时为高电平 | |
| | | FU | 频率检测 | 输出频率大于或等于任意设定的检测频率时为低电平；未达到时为高电平 | |
| | SE | | 集电极开路输出公共端 | 端子 RUN，FU 的公共端子 | |
| | 模拟 | AM | 模拟电压输出 | 可以从多种监视项目中选一种作为输出。变频器复位不被输出。输出信号大小与监视项目的大小成比例 | 出厂设定的输出项目：频率 允许负荷电流 1 mA 输出信号：DC 0~10 V |
| 通信 | RS-485 | | PU 接口 | 通过操作面板的接口，进行 RS-485 通信 遵守标准：EIA RS-485 标准 通信方式：多站点通信 通信速率：4 800~38 400 bit/s 最长距离：500 m | |
| | | | USB 接口 | 略 | |

**3. 变频器主电路接线**

变频器主电路接线图如图 2-6 所示。

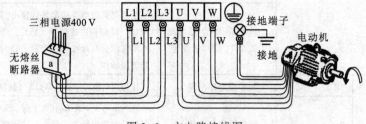

图 2-6 主电路接线图

三相电源接到 L1、L2、L3 端子上。在接线时不必考虑电源的相序。

电动机接到 U、V、W 端子上。当加入正转开关信号时电动机旋转方向从轴向看时为逆时针。

**4. 控制电路接线**

控制电路端子排列如图 2-7 所示。

接线时，根据具体情况并参照控制端子功能简介进行接线。

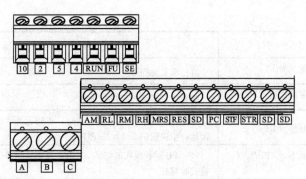

图 2-7　控制电路端子排列

## 二、熟悉 E700 系列变频器操作面板

在使用变频器之前，首先要熟悉其操作面板，并且按照使用现场的要求合理设置相关参数。

1. 操作面板的各部分名称和作用

（1）操作面板各部分名称如图 2-8 所示。

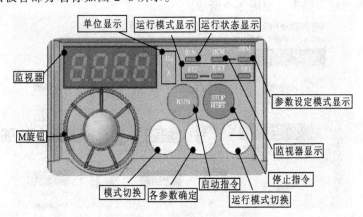

图 2-8　操作面板各部分名称

（2）面板各部分功能，见表 2-12。

表 2-12　面板功能表

| 序　号 | 名　　称 | 功　　能 |
|---|---|---|
| 1 | M 旋钮 | 用于变更频率设定值，参数设定值。旋动该旋钮可以显示监视模式时的设定值、校正时的当前设定值、报警历史模式时的顺序 |
| 2 | 模式切换 MODE | 用于切换各设定模式。和 PU/EXT 运行模式切换键同时按下也可以用来切换模式。长按该键 2 s 可以锁定操作 |
| 3 | 各设定的确定 SET | 运行中按此键则监视器可以监视运行频率、输出电流、输出电压 |
| 4 | 启动指令 RUN | 通过 Pr.40 的设定，可以选择旋转方向 |
| 5 | 运行模式切换 PU/EXT | 用于切换 PU/外部运行模式。使用外部运行模式时按动此键，使表示运行模式的 EXT 处于亮灯状态。其中 PU 为 PU 运行模式，EXT 为外部运行模式，通过变更参数 Pr.79 确定 |
| 6 | 停止运行 STOP/RESET | 停止运转指令，保护功能生效时，也可以进行报警复位 |

| 序　号 | 名　　称 | 功　　　　能 |
|---|---|---|
| 7 | 监视器显示 MON | 监视模式时亮灯 |
| 8 | 参数设定模式显示 PRM | 参数设定模式时亮灯 |
| 9 | 运行状态显示 RUN | 变频器动作中亮灯/闪烁。亮灯：正转运行中缓慢闪烁（1.4 s 循环）；反转运行中快速闪烁（0.2 s 循环） |
| 10 | 运行模式显示 PU/EXT、NET 灯 | PU：PU 运行模式时灯亮。EXT：外部运行模式时灯亮。NET：网络运行模式时灯亮 |
| 11 | 单位显示 Hz/A | Hz：显示频率时灯亮。A：显示电流时灯亮。（显示电压时熄灯，显示设定频率监视时闪烁） |
| 12 | 监视器（4 位 LED） | 显示频率、参数编号等 |

2. 操作面板的使用

1）E700 变频器的基本操作

E700 变频器的基本操作，如图 2-9 所示。

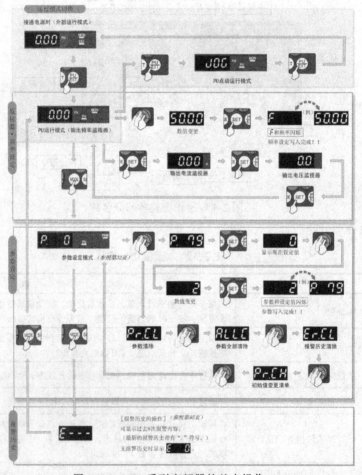

图 2-9　E700 系列变频器的基本操作

2）简单设定运行模式

（1）电源接通时显示的监视画面 `000`。

（2）同时按住 `PU/EXT` 和 `MODE` 键 0.5 s， `79--`。

（3）旋转 将值设定为 Pr.79=3， `79-3`。

关于其他设定见表 2-13。

表 2-13　运行模式的其他设定

| 操作面板显示 | 运 行 方 法 | |
| --- | --- | --- |
| | 启动指令 | 频率指令 |
| `79-1` 闪烁 | RUN | 旋钮 |
| `79-2` 闪烁 | 外部（SIF、STR） | 模拟量 电压输入 |
| `79-3` 闪烁 | 外部（SIF、STR） | 旋钮 |
| `79-4` 闪烁 | RUN | 模拟量 电压输入 |

（4）按 SET 键设定，如图 2-10 所示。

SET ⇨ `79-3` `79--`

闪烁…参数设定完成！

⇩3 s后显示监视器画面。

`000`

图 2-10　按SET键设定的运行模式

3）变更参数的设定

变更参数的设定（以 Pr.1 为例）。

（1）电源接通时显示画面 `000`。

（2）按 `PU/EXT` 键进入 PU 模式， `000`。

（3）按 `MODE` 键进入参数设置模式， `P. 0`。

（4）旋转 将值设定为 Pr.1， `P. 1`。

（5）按 SET 键读取当前设定值， `1200`。

（6）旋转 将值设定为 50 Hz， `5000`。

（7）按 SET 键设定，如图 2-11 所示。

闪烁…参数设定完成！！

图 2-11　按⑤键变更参数设定画面

　　说明：旋转◉可读取其他参数；按⑤键可再次显示设定值；按两次⑤键可显示下一个参数；按两次⑩键可返回频率监视画面。

　　4）按 M 旋钮

　　按 M 旋钮◉将显示 PU 运行模式或外部/PU 组合运行模式 1 时的设定频率。

### 三、E700 系列变频器多段速设定介绍

　　1. 多段速设定方法

　　预先通过参数设定运行速度，并通过接点端子来切换速度。通过接点信号（RH、RM、RL）的 ON、OFF 操作即可以选择多个速度，见表 2-14。

表 2-14　15 段速对应表

| 参 数 编 号 | 名 称 | 初 始 值 | 设 定 范 围 | 内 容 |
|---|---|---|---|---|
| 4 | 多段速（高速） | 50 Hz | 0~400 Hz | RH 处于 ON 时的频率 |
| 5 | 多段速（中速） | 30 Hz | 0~400 Hz | RM 处于 ON 时的频率 |
| 6 | 多段速（低速） | 10 Hz | 0~400 Hz | RL 处于 ON 时的频率 |
| 24* | 多段速（4 速） | 9 999 | 0~400 Hz、9 999 | 通过 RH、RM、RL、REX 信号的组合可以进行 4~15 段速度的频率设定 |
| 25* | 多段速（5 速） | 9 999 | 0~400 Hz、9 999 | |
| 26* | 多段速（6 速） | 9 999 | 0~400 Hz、9 999 | 9 999：未选择 |
| 27* | 多段速（7 速） | 9 999 | 0~400 Hz、9 999 | |
| 232* | 多段速（8 速） | 9 999 | 0~400 Hz、9 999 | |
| 233* | 多段速（9 速） | 9 999 | 0~400 Hz、9 999 | |
| 234* | 多段速（10 速） | 9 999 | 0~400 Hz、9 999 | |
| 235* | 多段速（11 速） | 9 999 | 0~400 Hz、9 999 | |
| 236* | 多段速（12 速） | 9 999 | 0~400 Hz、9 999 | |
| 237* | 多段速（13 速） | 9 999 | 0~400 Hz、9 999 | |
| 238* | 多段速（14 速） | 9 999 | 0~400 Hz、9 999 | |
| 239* | 多段速（15 速） | 9 999 | 0~400 Hz、9 999 | |

　　2. 多段速度设定（Pr.4~Pr.6）

　　RH 信号处于 ON 时以 Pr.4、RM 信号处于 ON 时以 Pr.5、RL 信号处于 ON 时以 Pr.6 中设定

的频率运行。通过 RH、RM、RL 的不同组合可以实现电动机的 7 段速运行，如图 2-12 所示。

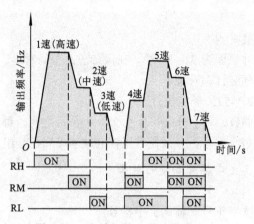

图 2-12　电动机的 7 段速设定

3. 4 速以上的多段速设定（Pr.24~Pr.27、Pr.232~Pr.239）

通过 RH、RM、RL、REX 信号的组合，可以设定 4 速~15 速。通常在 Pr.24~Pr.27、Pr.232~Pr.239 中设定运行频率（初始值状态下 4 速~15 速为无法使用的设定）。

REX 信号输入所使用的端子，通过将 Pr.178~Pr.184（输入端子功能选择）设定为"8"来分配功能。具体如图 2-13 所示。

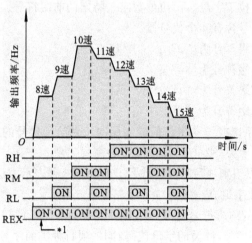

图 2-13　电动机的 15 段速设定

## 知能拓展

### 电气制图基础及变频调速方法

**一、电气制图基本知识及规范**

1. 电气图的分类

电气图的种类很多，一般按其用途进行分类，常见的电气图有系统图、框图、电路图、接线图和接线表等。对不同种类电气图的表达方式及适用范围，GB 6988 系列有明确的规定和划分。

2. 电气制图的一般规则

（1）图纸幅面及尺寸幅面为 A0~A4 纸，在保持图面布局紧凑、清晰和使用方便的前提下，尽量选用较小幅面，以便装订和管理。

（2）图框格式按 GB 4457.1 规定执行。

（3）围幅分区数为偶数，每一分区长度在 25 ~ 75 mm 之间，每个分区内竖边方向用大写拉丁字母，横边用阿拉伯数字编号，分区代号用该区域字母和代号组成，字母前，数字后。

3. 电气图形符号、文字符号和项目代号

1）文字符号

文字符号分为基本文字符号和辅助文字符号。

2）图形符号和项目代号

电气图形符号见 GB/T 4728《电气图用图形符号》。

项目代号用以识别图、表图、表格中和设备上的项目种类，并提供项目的层次关系、实际位置等信息的一种特定的代码。项目代号应由 4 部分组成，每部分称为代号段。

（1）通常项目代号可以将不同的图或其他技术文件上的项目与实际设备中的该项目（硬件）一一对应和联系在一起。

（2）项目代号是由拉丁字母、阿拉伯数字、特定的前缀符号，按照一定规则组合而成的代码。一个完整的项目代号含有 4 个代号段：

高层代号段，其前缀符号为"="；

种类代号段，其前缀符号为"–"；

位置代号段，其前缀符号为"+"；

端子代号段，其前缀符号为"："。

① 高层代号是指系统或设备中任何较高层次（对给予代号的项目而言）项目的代号。如 S2 系统中的开关 Q3 表示为=S2–Q3，其中=S2 为高层代号。

② 种类代号：用以识别项目种类的代号。有如下 3 种表示方法：

a. 由字母代码和数字组成。

–K2：种类代号段的前缀符号"–"+项目种类的字母代码+同一项目种类的序号。

–K2M：前缀符号"–"+种类的字母代码+同一项目种类的序号+项目的功能字母代码。

b. 用顺序数字（1，2，3，…）表示图中的各个项目，同时将这些顺序数字和它所代表的项目排列于图中或另外的说明中，如–1，–2，–3，…

c. 对不同种类的项目采用不同组别的数字编号。如对电流继电器用 11，12，13，…

如用分开表示法表示的继电器，可在数字后加"."。

③ 位置代号指项目在组件、设备、系统或建筑物中的实际位置的代号。位置代号由自行规定的拉丁字母或数字组成。在使用位置代号时，就给出表示该项目位置的示意图。如+204 +A +4 可写为+204A4，意思为 A 列柜装在 204 室第 4 机柜。

④ 端子代号通常不与前 3 段组合在一起，只与种类代号组合。可采用数字或大写字母。如 –S4：A，表示控制开关 S4 的 A 号端子；–XT：7 表示端子板 XT 的 7 号端子。

（3）项目代号的应用：

=高层代号段–种类代号段（空隔）+位置代号段。

其中高层代号段对于种类代号段是功能隶属关系，位置代号段对于种类代号段来说是位置信息。如=A1-K1+C8S1M4 表示 A1 装置中的继电器 K1，位置在 C8 区间 S1 列控制柜 M4 柜中；=A1P2–Q4K2+C1S3M6 表示 A1 装置 P2 系统中的 Q4 开关中的继电器 K2，位置在 C1 区间 S3 列操作柜 M6 柜中。

4. 机电设备电气图的构成和接线图的组成及作用

（1）机电设备电气图的构成。机械设备电气图由电气控制原理图、电气装置位置图、电器元件布局图、接线图等组成。

（2）接线图的组成。接线图由单元接线图、互连接线图和端子接线图组成。

（3）接线图的作用。主要用于安装接线、线路检查、线路维修和故障处理等。

5. 电气图识读的一般方法和步骤

先看主标题栏，再看电气图图形。

（1）根据绘制电气图有关规定，概括了解简图的布局、图形符号的配置、项目代号及图线连接。

（2）分析方法：

① 按信息流向逐级分析。

② 按布局顺序从左到右、自上而下逐级分析。

③ 按主电路、辅助电路等单元进行分析。

（3）了解项目的组成单元及各单元间连接关系或耦合方式，注意电气与机械机构的连接。

（4）分析整个电路工作原理、功能关系。

（5）结合元器件目录表及元器件在电路中的项目代号、位号，了解所用元器件种类、数量、型号及主要参数。

（6）附加电路及机械机构与电路的连接形式及在电路中作用。

## 二、三相异步电动机变频调速介绍

从异步电动机的转速关系式：

$n=(1-s)n_0=60f_1(1-s)/p$ 可知，要改变异步电动机转速，可有以下 3 种方法：

（1）改变异步电动机的磁极对数 $p$，以改变电动机的同步转速 $n_0$，从而达到调速的目的。这种调速方法称为变极调速。

（2）改变异步电动机的转差率 $s$ 调速，采取的方法很多，如对鼠笼式异步电动机，可改变定子电压、绕线转子异步电动机可改变转子回路电阻等。

（3）改变异步电动机的电源频率 $f_1$，以改变 $n_0$ 进行调速，称为变频调速。

从上面叙述可知，只要平滑地调节异步电动机的供电频率，就可以平滑调节异步电动机的同步转速 $n_0$，实现异步电动机的无级调速，这就是变频调速的基本工作原理。经机械特性分析，其调速性能比调磁极对数与转差率好得多，近似直流电动机调压的机械特性。但要使用变频电源装置（即变频器）。

单独的改变供电频率 $f_1$ 不但不能正常调速，反而会引起电动机因过电流而烧毁。下面从基频以下变频调速情况说明原因。

基频以下采用恒磁通（恒转矩）变频调速，实质上就是调速时要保证电动机的电磁转矩恒定不变。这是因为电磁转矩与磁通成正比。如果磁通太小，铁心不能充分利用，同样的转子电流下，电磁转矩就小，电动机的带负载能力下降，要想与负载转矩平衡，就得加大转子电流，这就会引起电动机因过电流而发热甚至烧毁。如果磁通太大，电动机会处于过励磁状态，使励磁电流过大，同样会引起电动机因过电流而发热。所以变频调速一定要保持磁通恒定。

由于每极磁通 $\Phi_1 = E_1/(4.44N_1f_1)$ 的值是由每极感应电动势 $E_1$ 和 $f_1$ 共同决定的，对 $E_1$ 和 $f_1$ 进行适当控制，就可以使气隙磁通 $\Phi_1$ 保持额定值不变。由于 $4.44N_1$ 对制作完成的电动机来讲是一个固定常数，所以只要保持 $E_1/f_1$=常数，即保持电动势与频率之比为常数进行控制。但 $E_1$ 难以直接检测和直接控制，当 $E_1$ 和 $f_1$ 的值较高时，定子的漏阻抗压降相对比较小，如果忽略不计，即可认为 $U_1$ 和 $E_1$ 是相等的，这样 $E_1/f_1$ 可用定子相电压 $U_1$ 和频率 $f_1$ 的比值来近似。这就是恒压频比控制方程式。即 $U_1/f_1$=常数。

由上面的讨论可知，鼠笼式异步电动机的变频调速必须按照一定的规律同时改变其定子电压和供电电源频率，即所谓变频器（变压变频 VVVF）调速控制。现在的变频器都能满足笼形异步电动机变频调速的基本要求。

当然，实际运行的变频调速装置是个复杂的控制系统，其运行特性的理论分析较为复杂，本教材就不再叙述了。

## 思考与练习

**一、判断题**（将判断结果填入括号中。正确的填"√"，错误的填"×"）

1. 变频器模式切换 MODE 按钮，用于切换各设定模式。和 PU/EXT 运行模式切换键同时按下也可以用来切换模式。长按该键 2 s 可以锁定操作。　　　　　　　　　　　　（　　　）

2. 三菱 FR-E740 参数 Pr.78 是反转防止选择，设置为 2 是不可反转。　　　（　　　）

3. 三菱 FR-E740 参数 Pr.79 是运行模式选择，设置为 2 是外部运行模式固定。（　　　）

4. V/F 恒定的变频调速，基频以下调速，要求电动机气隙磁通恒定，是恒转矩调速。

　　　　　　　　　　　　　　　　　　　　　　　　　　　　　　　　　　（　　　）

**二、选择题**（选择一个正确的答案，将相应的字母填入题内的括号中）

1. 电气制图的一个完整的项目代号，含有 4 个代号段。其中不包括（　　　）。

A. 型号代号段　　　　　　　　　B. 高层代号段

C. 种类代号段　　　　　　　　　D. 位置代号段

2. 鼠笼式异步电动机的变频调速必须是 VVVF 调速，是指（　　　）。

A. 恒压恒频　　　　　　　　　　B. 恒压变频

C. 变压恒频　　　　　　　　　　D. 变压变频

3. 三相异步电动机调速方法中，不包括（　　　）。

A. 改变磁极对数调速　　　　　　B. 改变磁通调速

C. 改变转差率调速　　　　　　　D. 变频调速

### 三、思考题

1. 简述如何用外接电位器控制改变变频器的输出频率。
2. 简述变频器恢复出厂设置的过程。
3. 简述机电设备电气图的构成和接线图的组成及作用。
4. 简述电气图识读的一般方法和步骤。

# 项目 3
## 安装机电一体化实训装置的气路

**情景导入**

学习光机电一体化实训装置的气路安装，是学生初步了解实际机电设备气压传动系统和气路安装施工注意事项的重要途径，是提高学生气动系统图识图能力的有效方法。由于实际的机电设备大部分是机电气液综合控制系统，本项目通过知识链接的形式对液压传动系统作了介绍，使学生初步了解液压传动系统。

**项目目标**

- 认识常用气动控制元件和机电一体化实训装置的气路图；
- 了解气动控制系统常见故障及排除方法；
- 学会安装光机电一体化实训考核装置的气路；
- 了解常用液压传动元件和典型液压传动图；
- 了解液压传动系统常见故障及排除方法。

## 任务 1  完成机电一体化实训装置的气路安装

气动控制系统用压缩空气传递动力，即传递动力的介质是压缩空气，可就地取材，使用方便且没有污染。同时系统配置简单，维护成本低，维修方便，性价比高，在部分控制精度要求较低的自动生产线上有很好的实用价值。由于其控制原理和图形符号与液压传动系统类似，也可作为学生进一步学习液压传动系统知识的基础。

**学习目标**

- 读懂典型气动控制系统图；
- 学会安装机电一体化实训装置的气路；
- 学会机电一体化实训装置气动执行元件的手动调试；
- 了解气动控制系统常见故障及排除方法。

# 任务描述

完成光机电一体化考核实训装置的气路安装。

# 任务分析

1. 任务要求

（1）根据气动控制系统原理图安装光机电一体化实训考核装置气路，完成后进行手动调试。

（2）了解气动控制系统相关知识。

2. 机电一体化实训装置的气路组成介绍

THJDME-1 型光机电一体化实训考核装置的气动执行元件有气动手抓、单杆气缸、薄型气缸、导杆气缸、双导杆气缸、旋转气缸，气动控制元件有单电控两位五通电磁阀、双电控两位五通电磁阀和单向节流阀（节流阀、单向阀组合在一起构成），气源由气泵提供，辅助器件有调压过滤器等。

THJDME-1 型光机电一体化实训考核装置气动回路原理图如图 3-1 所示。

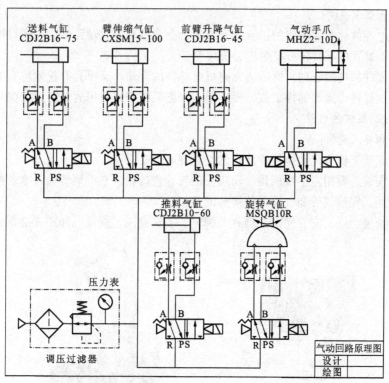

图 3-1　THJDME-1 型 光机电一体化实训考核气动回路原理图

# 任务实施

1. 实训器材

实训器材（见表 3-1）。

表 3-1　实训器材一览表

| 序号 | 名　　称 | 规　　格 | 数量 | 备注 |
|---|---|---|---|---|
| 1 | 单相交流电源 | ~220 V、10 A | 1 处 | |
| 2 | 光机电一体化实训考核装置 | THJDME-1 型 | 1 台 | |
| 3 | 机械设备安装工具 | 活动扳手，内、外六角扳手，钢直尺、高度尺，水平尺，角度尺等 | 1 套 | |
| 4 | 气管 | φ3、φ5 | 若干 | |
| 5 | 静音气泵 | 自定 | 1 台 | |
| 6 | 扎线 | 自定 | 若干 | |
| 7 | 黑色记号笔 | 自定 | 1 支 | |
| 8 | 劳保用品 | 绝缘鞋、工作服等 | 1 套 | |

**注**：机电一体化实训由两名同学组成一组分工协作完成，表 3-1 中所列工具、材料和设备，仅针对一组而言，实训时应根据学生人数确定具体数量。

**2．项目任务操作步骤**

1）安装气动元件

安装方法和要求说明：

（1）在机电一体化实训装置的铝合金安装平台上合理布置气动元件并用螺钉固定（或根据机电一体化实训装置的项目任务安装图，安装气动元件）；

（2）气动元件布局要合理，既不能影响机电部件的运动，又要具有视觉感官的合理性；

（3）气动执行件（运动部件）位置要合理，气路系统安装使用的气管量较少。

2）安装气动系统的气管

安装方法和要求说明：

（1）气管安装要保证气动执行件能自然并合理的运动；

（2）气管安装时要用左手按压住气动接头的气管连接帽，右手顺势插入拿着的气管，感觉到位后松开左手，完成气管和气动元件接头的连接；

（3）气管长度合适，安装完成要理齐并绑轧，要符合工艺规范，如图 3-2 所示。

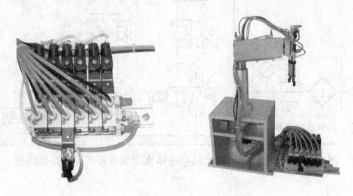

图 3-2　气路安装工艺规范示意

（4）气管规格一定要与气动元件进出气口的气管接头规格一致。

3）手动调试气动执行元件的动作

方法：直接调节各气缸控制进气量的节流阀，拨动电磁阀手动进气开关使气缸进气量合适。

（1）气动执行元件的动作合理，包括：气动手抓抓取工件的节奏合理；单杆气缸、薄型气缸、导杆气缸、双导杆气缸的伸缩或推拨，旋转气缸启停、摆动动作自然合理等。

（2）用手拨动电磁阀手动进气开关时，轻重合适，不能用力过猛或用工具野蛮操作。

（3）旋转调节各气缸进气量的节流阀调节螺钉（或旋钮）时，轻重合适，注意顺时针、逆时针的极限位置，不能用力过猛，以免造成元件损坏。

（4）操作过程中，工具、材料的放置要规范，不能杂乱无章，随意摆放，要符合安全文明生产的要求。

3. 项目训练任务的组织

（1）根据授课班级人数完成学生实训教学分组；

（2）强调机电设备气动控制元件安装安全注意事项及6S管理内容；

（3）分组完成光机电一体化实训装置气动控制元件安装任务；

（4）完成一个实训工时单位前，整理实训工位或工作台，使之有序整洁。

4. 项目训练准备注意事项

（1）实训场地应干净整洁，无环境干扰；

（2）实训场地内应设有三相电源并装有触电保护器；

（3）实训前由实训室管理人员检查各工位应准备的器材、工具是否齐全，所贴工位号是否有遗漏。

5. 评分标准

评分标准（见表3-2）。

表3-2 评 分 表

| 工作任务 | 配分 | 评分项目 | 项目配分 | 扣 分 标 准 | 扣分 | 得分 | 任务得分 |
|---|---|---|---|---|---|---|---|
| 气路安装 | 80 | 工作准备 | 10 | 工具材料准备不充分扣2~10分 | | | |
| | | 气动部件安装 | 30 | 各气动部件位置不符合工作要求、松动等，每处扣5分；损坏部件，每只扣5分，最多扣30分。 | | | |
| | | 气路连接 | 40 | 漏气，调试时掉管，每处扣2分；气管过长，影响美观或安全，每处扣5分，最多扣40分 | | | |
| 安全文明操作 | 20 | 操作失误或违规操作造成器件损坏扣5分。恶意损坏器件取消实训成绩 | | | | | |
| | | 违反实训室规定和纪律，经指导老师警告第一次扣10分，第二次取消实训成绩 | | | | | |
| | | 乱摆放工具扣2分；乱丢杂物扣2分；工作台凌乱扣5分；完成任务后不清理工位扣5分，本项目10分扣完为止 | | | | | |
| 总得分 | | | | | | | |

## 知识链接

### 气压传动系统介绍

#### 一、气压传动简介

气压传动是以压缩空气作为工作介质，依靠密封工作系统对空气挤压产生的压力能来进行能量转换、传递、控制和调节的一种传动方式。与液压传动相似，有压力和流量2个重要参数。气压传动系统由于结构简单、成本低廉、使用方便，所以在各行业中都可应用。例如，汽车制造、运输技术、航天、纺织、包装、印刷，以及机械制造业等。

**1. 气压传动技术的特点**

气压传动与液压传动相比，气压传动有如下优点：

（1）工作介质空气可从大气中直接取用，无供应上的困难，无需支付介质费用，用过的气体可直接排入大气，处理方便，泄漏不会严重影响工作，极少污染环境；

（2）空气粘性很小，在管路中输送的阻力损失远远小于在液压传动系统中输送阻力损失，故宜于远程传输及控制；

（3）气压 1.0 MPa 以下，对元件的材质和制造精度要求较低；

（4）维护简单，使用安全。

气压传动与电气、液压传动相比，有如下缺点：

（1）气压传动的信号传递速度限制在声速(约 340 m/s)范围内，故其工作频率和响应速度远不如电子装置，并且会产生较大的信号失真和延滞，也不便于构成较复杂的回路；

（2）空气具有压缩性，故其工作速度和工作平稳性方面不如液压传动；

（3）气压传动工作压力低，系统输出力较小，传动效率较低。

**2. 气压系统的组成**

气压控制系统由 4 部分组成：

（1）动力部分：空气压缩机（气泵）是动力源，将电能转变成为气体的压力能，为各类气动执行元件提供动力。用气量较大的厂矿企业一般都专门建立压缩空气站，通过输送管道向各个用气点输送和分配压缩空气。

（2）执行部分：气缸或气马达是执行元件，它将气压能转换成机械能，输出力和速度，驱动工作部件。

（3）控制部分：减压阀、换向阀等是控制元件，用于控制压缩空气的压力、流量和流动方向，以保证执行元件具有向一定方向运动的加速度。

（4）辅助部分：冷却器、油雾器、储气罐、空气过滤器、消声器等是辅助元件，它们对保证系统可靠、稳定的运行起着重要的作用。

**3. 光机电一体化实训考核装置气动元件简介**

**1）单杆气缸**

单杆气缸包括：调速阀，气缺缩回限位，气缺伸出限位，接气管等，如图 3-3 所示。

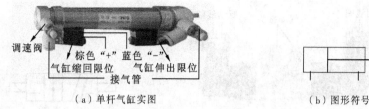

图3-3 单杆气缸

**注意**：气缸运动，推出杆可推动物料到达相应位置，交换接气头的气管可使进出气缸气的方向改变，从而改变气缸的伸出（缩回）运动，气缸两侧的磁性开关可以识别气缸是否已经运动到位。

2）机械手

机械手包括：气动手爪、双导杆薄型气缸、导杆气缸、旋转气缸等，如图3-4所示。

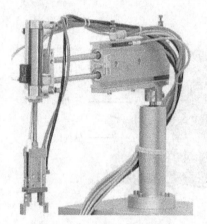

图3-4 气动机械手实物图

3）单电控两位五通电磁阀

单电控两位五通电磁阀包括：气功接头，驱动线圈等如图3-5所示。

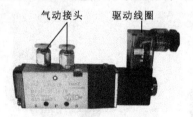

（a）单电控两位五通电磁阀实图　　　　　　（b）图形符号

图3-5 单电控两位五通电磁阀

**注意**：单向电控阀用来控制气缸单向运动，如实现单杆气缸得电推出和失电缩回运动。与双向电控阀区别在于双向电控阀初始位置任意，可以控制在不同的两个位置，而单向电控阀初始位置固定。

4）双电控两位五通电磁阀

双电控两位五通电磁阀包括：驱动线圈，气功接头等如图3-6所示。

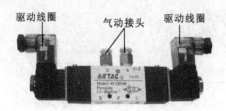
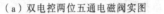

（a）双电控两位五通电磁阀实图　　　　　　　　（b）图形符号

图 3-6　双电控两位五通电磁阀

**注意**：双向电控阀的初始位可有两个，这样就可控制气缸从不同的初始位作为运动起点，以满足实际工作中对气缸初始位要求不同的控制要求。

5）气泵

静音气泵主要包括：空气压缩机，储气罐，压力表，电源开关等组成如图 3-7 所示。

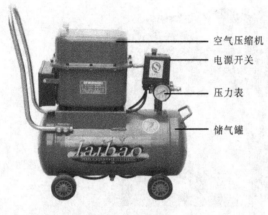

　　　　空气压缩机
　　　　电源开关
　　　　压力表
　　　　储气罐

（a）静音气泵实图　　　　　　　　　　（b）图形符号

图 3-7　静音气泵

6）调压空气过滤器等辅助器件

气动辅助器件举例如图 3-8 所示。

（a）调压空气过滤器　　　（b）消音器及铜接头　　　（c）快插接头

图 3-8　气动辅助器件举例

## 二、常用气压传动元件图形符号及气路图介绍

1.气动元件图形符号及功能说明（节选自 GB/ T 786.1—2009）

气动元件图形符号及功能说明，见表 3-3。

表3-3 气动元件图形符号及功能说明

| 名 称 | 图 形 符 号 | 功 能 说 明 |
|---|---|---|
| 单向阀 | | 单向阀,作用是控制压缩空气只能按某一方向流动,是一种反向截止的阀(简称单向阀) |
| 二位五通单线圈电磁方向控制阀 | | 这种换向阀的初始位置固定,利用单个电磁铁线圈通电产生电磁吸力控制阀芯相对运动,变换压缩空气的流动方向,从而实现气动系统工作机构运动方向变换的功能 |
| 二位五通双线圈电磁方向控制阀 | | 这种换向阀的初始位置是任意控制的两个位置,利用两个电磁铁线圈通电产生电磁吸力来控制阀芯相对运动,变换压缩空气的流动方向,从而实现气动系统工作机构运动方向变换的功能 |
| 外控溢流阀 | | 外控溢流阀,即阀体有两个进气端,控制阀体的动作由阀体以外的压缩空气的压力来控制。主要作用是对气压系统进行安全保护。当气动系统压力超过规定值时,对气动系统进行泄压,保持系统的压力不超过规定值 |
| 内控溢流阀 | | 内控溢流阀,即阀体的动作由阀体内的压缩空气压力来控制。溢流阀的主要作用是对气动系统进行安全保护。当气动系统压力超过规定值时,对气动系统进行泄压,保持系统的压力不超过规定值 |
| 减压阀 | | 减压阀是使出口压力(二次压力)低于进口压力(一次压力)的一种压力控制阀。其作用是降低气动系统中某一回路的压缩空气的压力 |
| 节流阀 | | 节流阀,作用是通过阀体的调节螺钉(或旋钮),使阀芯移动,改变节流口的通气截面积来调节气流量,从而改变气动执行元件的运动速度。这种节流阀的进出气口可互换 |
| 双作用单出单杆气缸 | | 气缸是将压缩空气的压力能转换为机械能的元件。此图形符号是双作用单出单杆气缸,作用是驱动工作机构作直线运动 |
| 双作用单出双杆气缸 | | 气缸是将压缩空气的压力能转换为机械能的元件。此图形符号是双作用单出双杆气缸,作用是驱动工作机构作直线运动 |
| 气手指气缸 | | 气手指气缸是将压缩空气的压力能转换为机械能的元件,作用是驱动气手指机构放松或夹紧运动 |

续表

| 名　　称 | 图　形　符　号 | 功　能　说　明 |
|---|---|---|
| 气动摆动马达 | | 气动摆动马达是将压缩空气的压力能转换为机械能的元件，作用是驱动工作机构按照规定可摆动一定角度 |
| 气动双向定量马达 | | 气动双向定量马达是将压缩空气的压力能转换为机械能的元件，作用是驱动工作机构作圆周运动。其输出功率按进气量的大小确定不可调节 |
| 气动双向变量马达 | | 气动双向变量马达是将压缩空气的压力能转换为机械能的元件，作用是驱动工作机构作圆周运动。其输出功率按进气量的大小确定。其输出功率可以调节 |
| 空气压缩机 | | 空气压缩机即气泵，是气压传动系统的动力源，作用是向系统提供压缩空气 |
| 空气过滤器 | | 空气过滤器，作用是用于滤除外界空气与压缩空气中的水分、灰尘、油滴和杂质，以达到气动系统所要求的净化程度 |
| 组合元件 | | 由单向阀、空气过滤器和减压阀组成的器件 |

### 2.气动控制回路举例

#### 1）气动手指控制回路

气动手指控制回路示意图，如图 3-9 所示。

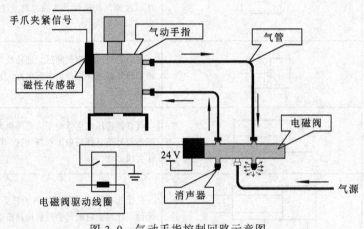

图 3-9　气动手指控制回路示意图

**说明**：图3-9中手爪夹紧由单向电控电磁阀控制，当单向电控电磁阀得电，手爪气缸动作，手抓夹紧，当单向电控电磁阀失电后，手爪张开。

2）机械手气动手爪、前臂升降气缸气路图分析

机械手气动手爪、前臂升降气缸气动回路原理图，如图3-10所示。

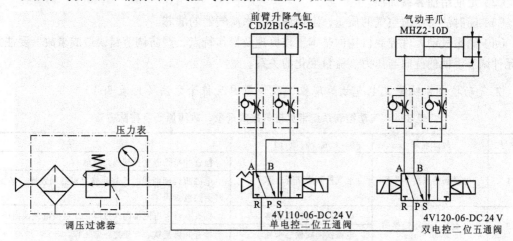

图3-10　机械手气动手爪、前臂升降气缸气动回路原理图

图3-10中调压过滤器的作用是分离压缩空气中的水分、灰尘等杂质，并可调节气路气压。

工作原理说明：

（1）当机械手处于初始位置时，根据气路原理图，单电控电磁阀不得电，气泵得电给气路供气后，单电控电磁阀的通气道在"左侧"，压缩空气通过气管、单电控电磁阀的气接头、单向节流阀进入到前臂气缸的左腔，前臂气缸将向上运动缩回至初始位。前臂气缸右腔剩余的压缩空气通过单向阀、气管、气接头、单电控电磁阀"左侧"气道迅速释放到空气中。

双电控电磁阀左侧电磁线圈得电，电磁阀的通气道按照图3-10也在"左侧"，压缩空气通过气管、双电控电磁阀的气接头、单向节流阀进入到手抓气缸的左腔，手抓气缸向右运动、手抓松开至初始位（如果初始位需手抓夹紧，只要交换双电控电磁阀的进出气管或改变双电控电磁阀线圈的得电状态）。手抓气缸右腔剩余的压缩空气通过单向节流阀、气管、气接头、双电控电磁阀"左侧"气道迅速释放到空气中。

（2）当控制机械手前臂气缸的单电控电磁阀得电后，根据气路原理图，单电控电磁阀的通气道在"右侧"，压缩空气通过气管、单电控电磁阀的气接头、单向节流阀进入到前臂气缸的右腔，前臂气缸将向上运动（前臂下降至极限位）。前臂气缸左腔的压缩空气通过单向阀、气管、气接头、单电控电磁阀"右侧"气道迅速释放到空气中。

双电控电磁阀右侧电磁线圈得电，电磁阀的通气道按照图3-10也在"右侧"，压缩空气通过气管、双电控电磁阀的气接头、单向节流阀进入到手抓气缸的右腔，手抓气缸向左运动、手抓夹紧（如果初始位手抓夹紧，此时手抓放松）。手抓气缸左腔剩余的压缩空气通过单向节流阀、气管、气接头、双电控电磁阀"右侧"气道迅速释放到空气中。

### 三、气压传动系统常见电气故障及排除

**1. 气动控制系统使用维护注意事项**

（1）开机前后要放掉系统中过滤器的冷凝水。

（2）定期给油雾器加油。

（3）随时注意压缩空气的质量，定期清洗分水滤气器的滤芯。

（4）熟悉气动元件控制机构的基本工作原理及操作特点，严防调节错误造成事故。要注意各元件调节手柄的旋向与压力、流量变化的关系。

**2. 气动控制系统常见电气故障现象、故障原因及排除方法（见表3-4）**

表3-4　气动控制系统常见电气故障现象、故障原因及排除方法

| 序号 | 故障现象 | 故障原因 | 排　除　方　法 |
|---|---|---|---|
| 1 | 电磁阀给电后不工作 | 电气控制线路有故障 | 检查并排除电气控制线路故障 |
|  |  |  | 电磁阀线圈断线，检查、修复电磁阀线圈，必要时更换电磁阀 |
| 2 | 电磁换向阀不能换向 | 电磁换向阀线圈断路 | 检查、修复电磁换向阀线圈，或更换电磁换向阀 |
|  |  | 电磁换向阀铁心卡死 | 检查并修复铁心，使之正常工作 |
| 3 | 电磁换向阀交流电磁铁有振动或有蜂鸣声 | 电源电压过低 | 检查并排除故障，使电源电压达到正常值 |
|  |  | 交流电磁铁短路环损坏 | 修复交流电磁铁短路环或更换交流电磁铁 |
|  |  | 粉尘进入铁心滑动部分或其他原因，使铁心吸不到底 | 检查、清理铁心滑动部分 |
| 4 | 气、电转换器或压力继电器无输出信号 | 空气压缩机气体压力低 | 检查并提高气体压力到正常值 |
|  |  | 微动开关损坏 | 检查并更换微动开关 |
|  |  | 与微动开关相接的触点未调整好 | 精心调整，使触点接触良好 |
|  |  | 电气控制线路故障 | 检查并排除电气控制线路故障 |

# 任务2　了解液压传动系统

液压系统在工业生产中的应用主要分两类。一、润滑。除部分简单生产机电设备手动润滑外，大多数生产机电设备需要配备液压控制系统强制润滑。二、传动。液压传动系统的最大特点是平稳、精度高，可以实现大功率传动，这在大量的常用生产机械中得到广泛应用。如：铲车、挖掘机、锻压机等。

液压传动控制系统的基本知识是工科类职业院校学生必须学习和掌握的的基础内容。

**学习目标**

- 了解液压传动控制系统元件；
- 了解典型液压传动控制系统图；
- 了解液压传动控制系统常见故障及排除方法。

## 任务描述

了解液压控制系统知识。

## 知识链接

### 液压传动系统介绍

#### 一、液压传动简介

##### 1. 液压传动的基本原理

液压传动是以液体（通常是油液）作为工作介质，利用液体压力来传递动力和进行控制的一种传动方式。

液压传动利用密闭容器内液体的压力能，来传递动力和能量。液体没有固定的几何形状，但却有几乎不变的容积。因此，当它被容纳于密闭的几何形体中时，则可以将压力由一处传递到另一处，当有主动的做功动能使液体被迫向压力低处流动时 [ 即当高压液体在几何形体内（如管道、油缸、液动机等）]，就可实现能量的传递，即将做功产生的动能转换成液压能，再转换成所需要的机械能。

如图 3-11 所示的控制工作台往复运动的液压传动控制系统，电动机启动后带动液压泵 2 工作，油箱中的油液经过滤器 1 进入液压泵 2。液压泵 2 输出的压力油经管道至换向阀 4，由 a 流至 b，再经管道至液压缸 7 的右腔。由于液压缸 7 的缸体固定，压力油推动活塞连同与活塞杆固连的工作台向左移动。同时，液压缸左腔的油液由 c 经换向阀 4 至 d，通过节流阀 5 回到油箱。当推动换向阀 4 的阀心右移时，就改变了油液的流动方向，即 a 与 c 通、b 与 d 通，工作台向右运动。根据需要改变换向阀阀心的左右位置，即可控制工作台按要求往复运动。

工作台的运动速度靠节流阀 5 来调节。将节流阀 5 的节流口通流面积调大，工作台移动速度加快；通流面积调小，则工作台速度减慢。工作台移动，液压系统要有足够的压力。但压力过大，又可能对液压元件和系统造成损坏。溢流阀 3 是用以调节系统压力的元件，将根据系统正常工作的最大压力来调整。当系统压力低于所调节压力时，溢流阀 3 关闭；当阻力过大，系统压力升高到超过调节压力时，溢流阀 3 打开，油液经溢流阀 3 回到油箱，起到对液压系统的过载保护作用。

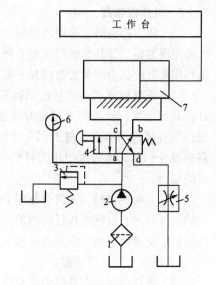

1—过滤器　2—液压泵　3—溢流阀
4—换向阀　5—节流阀　6—压力表
7—液压缸

图 3-11　液压工作台往复运动原理图

##### 2. 基本液压传动系统的组成

（1）驱动元件。液压泵作为驱动元件，供给液压系统压力和流量。常用的液压泵有齿轮泵、叶片泵和柱塞泵等。

（2）控制元件。控制元件包括控制液体压力的压力控制阀（如溢流阀）、控制液体流向的方向控制阀（如换向阀）、控制液体流量大小的流量控制阀（如节流阀）。

（3）执行元件。执行元件包括直线运动用的液压缸，旋转运动用的液压马达（又称油马达）。

（4）辅助元件。辅助元件由油箱、滤油器、蓄能器、油管、接头、密封件、冷却器以及压力表、流量表等元件组成。

## 二、常用液压传动元件图形符号及功能说明

### 1. 常用液压元件介绍

1）常用液压泵

（1）齿轮泵。齿轮泵可分为外啮合齿轮泵和内啮合齿轮泵两类。外啮合齿轮泵显著特点是结构简单，成本低，抗污及自吸性好，得到广泛应用，但噪声较大、压力较低，一般用于低压系统中。内啮合齿轮泵显著特点是结构紧凑，尺寸小，寿命长，压力脉动和噪声都较小，但齿形复杂，加工精度要求高。随着工业技术的发展，其应用将会越来越广泛。

（2）叶片泵。其显著特点是流量均匀，运转较平稳，噪声小，压力较高，使用寿命长，广泛应用于车床、钻床、磨床、铣床、组合机床的液压传动系统中。

（3）柱塞泵。其显著特点是压力高，流量大，便于调节流量，多用于高压大功率设备的液压系统中。

2）液压控制阀

（1）压力控制阀。是用来控制、调节液压系统中工作压力的装置，能够产生执行元件所要求的力或力矩。按其性能和用途不同，分为溢流阀、减压阀、顺序阀和压力继电器等。它们都是利用油液的压力和弹簧力相互平衡的原理进行工作的。

（2）流量控制阀。流量控制阀是靠改变通道开口的大小来控制、调节油液通过阀口的流量，从而使执行机构产生相应的速度。常用的流量控制阀有节流阀和调速阀，两者的区别在于：节流阀输出的流量随工作负载的变化而变化，适用于负载变化不大、速度稳定性要求不高的场合；而调速阀采用压力补偿的方法使流量稳定，适用于负载变化较大而又要求速度稳定的场合。

（3）方向控制阀。方向控制阀分为单向阀和换向阀两类。它们的基本作用是控制液压系统中的油流方向，以改变执行机构的运动方向或工作顺序。它有多种结构形式，如换向阀有手动换向阀、电液换向阀、电磁换向阀、机动换向阀等。

3）液压马达、液压缸

（1）液压马达。按其结构类型可分为齿轮式、叶片式、柱塞式和其他形式，应用于需要旋转驱动的场合。

（2）液压缸。液压缸可分为活塞缸、柱塞缸和摆动缸 3 类。活塞缸和柱塞缸应用于需往复运动的场合，输出推力和速度；摆动缸则能实现小于 360º 的往复摆动，输出转矩和角速度。液压缸除能单个使用外，还可以由几个液压缸组合起来使用，或者与其他机构组合起来使用，以完成特殊的功能。

### 2. 常用液压元件图形符号及功能

常用液压元件图形符号及功能说明见表 3-5。

表3-5 常用液压元件图形符号及功能说明

| 名 称 | 图 形 符 号 | 功 能 说 明 |
|---|---|---|
| 单向阀 | | 单向阀,控制油路只能按某一方向流动,是一种反向截止的阀(简称单向阀) |
| 手动换向阀 | | 手动操纵,控制阀芯相对运动,变换液压系统油的流动方向。利用弹簧复位,中间位置时阀口互不相通的性质来进行工作的 |
| 机动方向控制阀 | | 挡块操纵弹簧复位,初始位阀口互不相通 |
| 电动换向阀 | | 电磁铁操纵,控制阀芯相对运动,变换液压系统油的流动方向。利用弹簧复位的特性来进行工作的 |
| 液动换向阀 | | 液压操纵,控制阀芯相对运动,变换液压系统油的流动方向,利用弹簧复位,中间位置阀口互通的性质来进行工作的 |
| 溢流阀 | | 用来控制液压系统的压力大小或利用压力大小来控制油路的通、断。它是利用阀芯上油压产生的作用力和弹簧力保持平衡来进行工作的。用于调压、限压、节流溢流和卸荷,也可起背压作用 |
| 减压阀 | | 减压阀是使出口压力(二次压力)低于进口压力(一次压力)的一种压力控制阀。其作用是降低液压系统中某一回路的油路压力 |
| 顺序阀 | | 在液压系统中有两个以上工作机构需要获得预先规定的先后次序顺序动作时,可用顺序阀来实现 |
| 压力继电器 | | 压力继电器是利用液压油来开启或关闭电气触点的液压电气转换元件 |
| 节流阀 | | 节流阀是流量控制阀的一种,通过阀体的调节螺钉(或旋钮),使阀芯移动,改变节流口的通油截面积来调节通油量,从而改变液压执行元件的运动速度。这种节流阀的进出油嘴可互换 |
| 调速阀 | | 调速阀是另一种流量控制阀,也是用改变节流口的大小来调节通过阀口的流量,从而调节液压缸的速度和液压马达的转速 |
| 液压缸 | | 液压缸与液压马达是将液压泵提供的液压能转变为机械能的一种能量转换装置,是液压系统中的执行元件 |

续表

| 名　　　称 | 图　形　符　号 | 功　能　说　明 |
|---|---|---|
| 液压马达 | | 液压马达是将液压能转变为机械能的一种能量转换装置，也是液压系统的执行元件 |
| 液压泵 | | 液压泵是一种能量转换装置，它将电动机输出的机械能转换成液压能，供液压系统使用，所以液压泵是液压系统中的动力元件 |

**3. 液压辅助元件图形符号**

液压辅助元件图形符号见表 3-6。

表 3-6　液压辅助元件图形符号

| 名　　　称 | 符　　　号 | 名　　　称 | 符　　　号 |
|---|---|---|---|
| 油箱 | | 工作管路 | |
| 滤油器 | | 控制管路 | |
| 蓄能器 | | 连接管路 | |
| 压力表 | | 交叉管路 | |
| 电气行程开关 | | 柔性管路 | |

**三、液压传动系统常见电气故障及排除方法介绍**

液压传动系统常见电气故障及排除方法见表 3-7。

表 3-7　液压传动系统常见电气故障及排除方法

| 序号 | 故障现象 | 故　障　原　因 | 排　除　方　法 |
|---|---|---|---|
| 1 | 按起动按钮，液压系统不工作 | 电源开关未闭合 | 闭合电源开关 |
| | | 电气控制系统故障 | 排除电气控制系统故障 |
| | | 电磁阀断线 | 检查电磁阀电路，使之接通 |
| 2 | 液压系统的工作压力上不去 | 液压泵的转向不对，造成压力失常 | 调换液压泵电动机任意两根电源线的接线 |
| | | 电源电压过低 | 检查电源电压，查找原因并排除 |
| | | 液压泵电动机功率不足 | 更换与液压泵功率匹配的电动机 |
| 3 | 液压系统执行机构出现爬行 | 液压泵电动机转子不平衡 | 对液压泵电动机转子进行平衡调整 |
| | | 液压泵电动机电源电压不稳定造成转速不均 | 检查并排除电源电压不稳定故障 |
| 4 | 空气进入液压系统并产生气穴 | 液压泵电动机转速过高 | 按液压泵的使用说明书选择电动机 |
| 5 | 液压系统产生振动和噪声 | 液压泵电动机轴承磨损或转子不平衡 | 检查电动机轴承并更换磨损的轴承，平衡电动机转子 |

续表

| 序号 | 故障现象 | 故障原因 | 排除方法 |
|---|---|---|---|
| 5 | 液压系统产生振动和噪声 | 液压泵电动机地基不平整 | 安装电动机时,在电动机底座安装橡胶垫 |
| | | 液压泵与电动机联轴器安装不同轴 | 调整液压泵与电动机的同轴度至允差范围内(刚性连接的同轴度≤0.05 mm;挠性连接的同轴度≤0.15 mm) |
| | | 在使用蓄能器保压力继电器发出信号的卸荷回路中,系统中的继电器、溢流阀、单向阀等会因压力频繁变化而引起振动和噪声 | 可采用压力继电器与继电器互锁联动电气控制电路 |
| 6 | 液压系统工作循环不能正确实现 | 行程开关、压力继电器开关接触不良,使电气控制信号不能正确发出 | 检查并修理各开关接触情况,使之能正常工作 |
| | | 相应部分油路压力或压力继电器动作点未调好 | 进行相应部分的检查,调整油路压力或压力继电器动作点,使之工作正常 |
| | | 电源电压过低,使电磁阀无法吸合 | 检查电源电压、电磁阀线圈吸合电压,使之工作正常 |
| | | 行程挡块位置不对或安装不牢固,使行程阀不能正常动作 | 检查挡块位置并将其紧固 |
| 7 | 电磁换向阀主阀芯不运动 | 电磁阀未接通控制信号 | 查找原因并接通控制信号 |
| | | 电磁阀铁心卡死 | 检查、修复或更换电磁阀 |
| | | 电磁阀推力不足或线圈烧断 | 检查、修复线圈或更换电磁阀 |
| 8 | 电磁阀换向时产生冲击噪声与振动 | 产生冲击噪声的电气原因是电气控制设计使两个以上的电磁阀同时换向 | 改进电气控制方法,使两个以上的电磁阀不能同时换向 |
| | | 产生振动的电气原因是固定电磁阀的螺钉松动 | 将固定电磁阀的螺钉紧固 |
| 9 | 电磁铁吸力不够 | 电磁铁装配推杆过长 | 修磨推杆到适宜长度 |
| | | 电磁铁铁心接触面不平或接触不良 | 消除电磁铁铁心接触面故障 |
| 10 | 电磁阀过热或烧坏 | 电磁阀线圈绝缘不良 | 更换线圈或电磁阀 |
| | | 电磁阀线圈接线焊接不良 | 检查并重新焊接 |
| | | 电磁阀铁心吸不紧 | 检查电源电压、铁心截面是否有污物及铁心是否被卡死 |
| | | 电磁阀铁心与阀芯轴线同轴度不良 | 重新装配,保证有良好的同轴度 |

## 知能拓展

### 了解典型液压传动系统

图 3-12 所示为立式组合机床的液压系统,该系统用来对工件进行多孔钻削加工。它能实现定位→夹紧→动力滑台快进→工进→快退→松开、拔销→原位卸荷的工作循环。其动作过程如下。

(1)定位。YA6 通电,电磁阀 17 上位接入系统,使系统进入工作状态。当 YA4 通电,电磁阀 10 左位接入系统,油路走向为:变量泵 2→阀 17→减压阀 8→阀 9→阀 10→定位缸 11 右腔;缸 11 左腔→阀 10→油箱,实现对工件的定位。

(2)夹紧。定位完毕,油压升高到达顺序阀 13 的调压值,液压油经顺序阀 13 进入夹紧缸 12 的左腔实现对工件的夹紧。

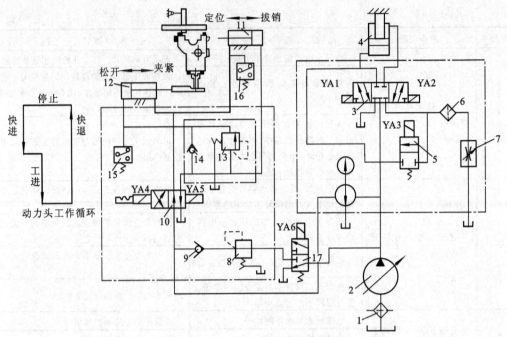

图 3-12　立式组合机床的液压系统

1—过滤器　2—变量泵　3、10—换向阀　4—进给缸　5—电磁阀　6—精滤器　7—调速阀
8—减压阀　9、14—单向阀　11—定位缸　12—夹紧缸　13—顺序阀　15、16—压力继电器　17—电磁阀

（3）动力滑台快进。夹紧完毕，夹紧缸12左腔油压升高达到压力继电器15的调压值发出信息，使YA1和YA3得电，阀3左位、阀5上位接入系统，油路走向为：泵2→阀3→缸4下腔；缸4上腔→阀3→阀5→缸4下腔，实现差动快进。

（4）动力滑台工进。快进完毕，挡块触动电气行程开关发出信息，使YA3失电，阀3下位接入系统，缸4上腔油液经滤滤器6和调速阀7流回油箱，工进速度由调速阀7调定。

（5）动力滑台快返。工进完毕，挡块触动电气行程开关发出信息，使YA2得电(YA1失电)，阀3右位接入系统，油路走向为：泵2→阀3→缸4上腔；缸4下腔→阀3→油箱，实现快退。

（6）松开、拔销。快退完毕，电气行程开关发出信息，使YA5得电(YA4失电)，阀10右位接入系统，油路走向为：泵2→阀17→阀8→阀9→阀10→缸12右腔和缸11左腔；缸12左腔和缸11右腔分别经单向阀14、阀10→油箱，实现松开和拔销。

（7）原位停止卸荷。松开和拔销完毕，油压升高达到压力继电器16预调值发出信息使YA6得电，阀17下位接入系统，泵2输油经阀17回油箱，实现泵的卸荷。

该机床液压系统传动过程用电磁铁工作状态表示，见表3-8，表中符号"+"为电磁铁得电，符号"-"为电磁铁失电。

表 3-8　立式组合机床液压系统电磁铁工作状态表

| 工况 \ 电磁铁 | YA1 | YA2 | YA3 | YA4 | YA5 | YA6 |
|---|---|---|---|---|---|---|
| 定位 | - | - | + | + | - | + |
| 夹紧 | - | - | + | + | - | + |
| 动力滑台快进 | + | - | + | + | - | + |

| 工况 \ 电磁铁 | YA1 | YA2 | YA3 | YA4 | YA5 | YA6 |
|---|---|---|---|---|---|---|
| 工进 | + | - | - | + | - | + |
| 快退 | - | + | - | + | - | + |
| 松开、拔销 | - | - | - | - | + | + |
| 卸荷 | - | - | - | - | - | - |

此液压系统的特点为：

① 采用顺序阀 13 来控制先定位后夹紧的顺序动作，两缸间无须控制电磁铁；采用压力继电器 15 发出信息控制进给缸电磁阀来实现先夹紧后进给的顺序动作。

② 用带有定位插销装置的电磁阀 10 和减压阀出口加设单向阀 9，确保定位夹紧的可靠性。

③ 采用限压式变量泵节流调速，实现较大范围内的稳定、低速、能够实现高功率利用率。

④ 采用变量泵和差动连接获得更快的快进速度及原位停止时变量泵卸荷，能够实现能量利用好，发热少。

⑤ 回油路节流调速，并用调速阀调节工进速度，运动平稳；用三位五通电磁阀 O 型中位机能，使液压缸能在任意位置停留并锁紧，缸体等运动部件不会因自重而下滑。

## 思考与练习

**一、判断题**（将判断结果填入括号中。正确的填"√"，错误的填"×"）

1. 由于气动控制系统用压缩空气传递动力，可就地取材，使用方便绝对没有污染，同时系统配置简单，维护成本低，维修方便。　　　　　　　　　　　　　　（　　　）

2. 气动控制系统系统配置简单，维护成本低，维修方便，性价比高，在部分控制精度要求较低的自动生产线有很好的实用价值。　　　　　　　　　　　　　（　　　）

3. 液压传动是以液体（通常是油液）作为工作介质，利用液体压力来传递动力和进行控制的一种传动方式。　　　　　　　　　　　　　　　　　　　　　　（　　　）

4. 液压传动利用密闭容器内液体的压力能，来传递动力和能量。液体没有固定的几何形状，但却有可变的容积。　　　　　　　　　　　　　　　　　　　　（　　　）

**二、选择题**（选择一个正确的答案，将相应的字母填入题内的括号中）

1. 气缸或气马达是（　　　），它将气压能转换成机械能，输出力和速度，驱动工作部件。

A. 动力元件　　　B. 执行元件　　　C. 控制元件　　　D. 辅助元件

2. 空气过滤器用于滤除外界空气与压缩空气中的水分、灰尘、油滴和杂质，以达到气动系统所要求的（　　　）。

A. 运动性能　　　B. 真空度　　　C. 净化程度　　　D. 纯洁度

**三、思考题**

1. 试述气压传动技术的特点。

2. 试述气压系统的组成及作用。

3. 试述机械手前臂升降气缸动作原理（如图 3–13 所示）。

4. 试述气动控制系统使用维护注意事项。

5. 试述立式组合机床液压系统的特点。

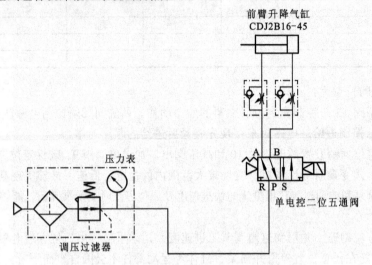

图 3–13　机械手前臂升降气缸气动回路原理图

# 项目 4
## 用 PLC 控制传送带输送机与分拣机构

**情景导入**

可编程序控制技术（Programmable Logic Controller，PLC）在工业领域的应用，源于继电器控制技术的革新。自从 1969 年第一台 PLC 在美国问世以来，日本、德国也相继研制出了各自的 PLC，目前世界上著名的 PLC 厂家很多，产品各具特色。

本项目以光机电一体化实训考核装置为控制对象，主要介绍三菱 FX2N 系列 PLC 的应用。下面分 2 个任务，从用 PLC 技术替代继电器–接触器控制电路的基础应用入手，逐步深入来学习如何用 PLC 控制较复杂电气设备的运行。

**项目目标**

- 学会 GX Developer 编程软件的使用；
- 了解 FX2N 系列可编程序控制器编程语言和内部资源；
- 掌握光机电一体化实训考核装置检测元件的相关知识；
- 掌握 FX2N 可编程序控制器基本指令和顺序控制系统的程序编制及调试。

## 任务 1 用 PLC 控制三相异步电动机点动与连续运行

本项目任务以简单继电器–接触器控制电路为例，介绍继电回路的 PLC 改造方法，PLC 应用的入门知识，及如何使用 GX Developer 编程软件，编制 PLC 程序，完成简单 PLC 电气控制电路的安装和程序的调试任务。

**学习目标**

- 学会 GX Developer 编程软件的使用；
- 掌握简单 PLC 控制程序的编制及调试。

**任务描述**

用可编程序控制器 PLC 控制实现三相异步电动机的点动和连续运行。

## 任务分析

机床设备在正常工作时，一般要电动机处在连续运行状态，但在试车运行或调整刀具与工件的相对位置时，又需要电动机能点动控制，实现这种工艺要求的线路是连续与点动混合控制线路。

如图 4-1 所示为连续与点动混合正转控制原理图。工作原理分析：闭合电源开关 QS，当需连续控制时，按下连续运行按钮 SB2，接触器 KM 线圈得电，其常开辅助触点闭合并自锁，其主触点断开闭合使电动机得电，全压启动并连续运行；按下 SB1，或电动机过载保护动作使其常闭触点断开，接触器线圈失电，电动机停止运行；点动控制，按下点动运行按钮 SB3，SB3 的常开触点闭合，接触器 KM 线圈得电，其主触点闭合使电动机得电，全压运行，虽然其常开辅助触点闭合，但由于 SB3 的常闭触点断开，解除了接触器的自锁，松开按钮 SB3，接触器线圈 KM 失电，电动机停止运行，实现点动运行功能。

利用 PLC 编程元件中的输入、输出继电器和辅助继电器，以及基本逻辑指令可实现上述控制要求。

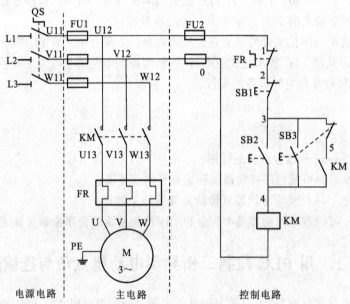

图 4-1　三相异步电动机点动与连续运行电路图

## 任务实施

### 1. 实训器材

实训器材（见表 4-1）。

表 4-1　实训器材一览表

| 序号 | 名　称 | 规　格 | 数　量 | 备　注 |
|---|---|---|---|---|
| 1 | 单相交流电源 | ~ 220 V、10 A | 1 处 | |
| 2 | 三相四线交流电源 | ~ 3 × 380 / 220 V、20 A | 1 处 | |
| 3 | 光机电一体化实训考核装置 | THJDME-1 型 | 1 台 | |

续表

| 序号 | 名　称 | 规　格 | 数　量 | 备　注 |
|---|---|---|---|---|
| 4 | 编程计算机及编程软件 | 主流计算机, 安装三菱 GX Developer 编程软件 | 1 套 | |
| 5 | 三菱 PLC 主机 | FX2N-48MT（晶体管输出） | 1 台 | 代用 |
| 6 | 万用表 | 自定 | 1 只 | |
| 7 | 电工工具 | 电工常用工具 | 1 套 | |
| 8 | 绝缘冷压端子 | 一字形 | 若干 | |
| 9 | 导线 | 0.75 mm² 或自定 | 若干 | |
| 10 | 电动机 | 三相交流减速电动机<br>型号：80YS25GY38X/80GK50<br>功率 25 W，三相 380 V 供电，减速比 1:10 | 1 台 | |
| 11 | 异形管 | 1 mm² | 1 m | |
| 12 | 扎线 | 自定 | 若干 | |
| 13 | 黑色记号笔 | 自定 | 1 支 | |
| 14 | 劳保用品 | 绝缘鞋、工作服等 | 1 套 | |

注：机电一体化实训由两名同学组成一组分工协作完成，表 4-1 中所列工具、材料和设备，仅针对一组而言，实训时应根据学生人数确定具体数量。

2.项目任务操作步骤

1）分配 I/O 地址，绘制 PLC 输入/输出接线图

对于本控制任务，其 I/O 分配见表 4-2。

表 4-2　PLC 控制三相异步电动机点动与连续运行 I/O 分配表

| 输　　　　入 | | | 输　　　　出 | | |
|---|---|---|---|---|---|
| 输入元件 | 作　用 | 输入继电器 | 输出元件 | 作　用 | 输出继电器 |
| SB1 | 停止按钮 | X0 | KM | 运行用接触器 | Y0 |
| SB2 | 启动按钮 | X1 | | | |
| SB3 | 点动按钮 | X2 | | | |
| FR | 过载保护 | X3 | | | |

根据输入/输出点的分配，画出 PLC 的接线图，停止按钮及热继电器常开触点使用常闭触点，以提高安全保障。其接线图如图 4-2 所示。

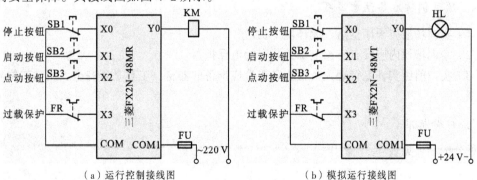

（a）运行控制接线图　　　　　　（b）模拟运行接线图

图 4-2　PLC 控制三相异步电动机点动与连续运行控制电路接线图

2）编制 PLC 控制三相异步电动机点动与连续运行的梯形图和指令语句表（内容参见本任务知识链接程序分析和仿真调试）

3）程序仿真调试（内容参见本任务知识链接程序分析和仿真调试）

4）根据 PLC 输入/输出接线图安装电路

（1）进行电气线路安装之前，首先确保设备处于失电状态，电路安装结束后，一定要进行得电前的检查，保证电路连接正确。得电之后，对输入点要进行必要的检查，以达到正常工作的需要。

（2）操作过程中，工具、材料的放置要规范，不能杂乱无章地随意摆放，要符合安全文明生产的要求。

5）调试设备达到规定的控制要求

（1）下载 PLC 程序。在检查电路正确无误后，利用通信电缆将程序写入 PLC。

（2）程序功能调试。程序功能的调试要根据工作任务的要求，一步一步进行，边调试边调整程序，最终达到功能要求。本工作任务的步骤如下：

① 把 PLC 的状态转换到 RUN，通过监控观察所有输入点是否处于规定状态。

② 连续运行检查。按下连续运行按钮 SB2，观察 Y0 是否得电或接触器线圈 KM 是否得电。松开 SB2 后，Y0 是否继续得电，电动机是否继续运行。

③ 停止运行检查。按下 SB1 或使 FR 动作，观察 Y0 是否失电或接触器 KM 是否失电，松开后是否能继续失电。

④ 点动运行检查。按下点动运行按钮 SB3，观察 Y0 是否得电或接触器线圈 KM 是否得电。松开 SB3 后，Y0 是否失电，电动机是否停止运行。

如果每一步都满足要求，则说明程序完全符合工作要求，如果有不满足控制要求的地方，根据现象，利用程序的监控，找出错误的地方，修正程序后再重新调试，完成项目任务。

3．项目训练任务的组织

（1）根据授课班级人数完成学生实训教学分组；

（2）强调机电设备电气安装调试实训安全注意事项及 6S 管理内容；

（3）在光机电一体化实训考核装置上完成电气线路安装任务；

（4）完成控制程序设计、变频器参数设置，并根据任务要求完成功能调试；

（5）完成一个实训工时单位前整理实训工位或工作台，使之有序整洁。

4．项目训练准备注意事项

（1）实训场地应干净整洁，无环境干扰。

（2）实训场地内应设有三相电源并装有触电保护器。

（3）实训前由实训室管理人员检查各工位应准备的器材、工具是否齐全，所贴工位号是否有遗漏。

5．评分标准

评分标准（见表4-3）。

表 4-3　评　分　表

| 工作任务 | 配分 | 评分项目 | 项目配分 | 扣 分 标 准 | 扣分 | 得分 | 任务得分 |
|---|---|---|---|---|---|---|---|
| 电路安装及电路绘制 | 35 | 工作准备 | 5 | 工具材料准备不充分扣 2～5 分 | | | |
| | | 电路连接 | 10 | 电路接线错误，每处扣 3 分，最多扣 10 分 | | | |
| | | 连接工艺 | 10 | 接线端子导线超过 2 根、导线露铜过长、布线零乱：每处扣 2 分，最多扣 10 分 | | | |
| | | 电路图绘制 | 10 | 电路图绘制不规范，文字符号、图形符号错误、图面不合理等扣 2～10 分；图面不整洁扣 2～5 分 | | | |
| 程序与调试 | 45 | PLC 程序输入 | 20 | PLC 程序输入不正确，扣 5～20；不会选择 PLC 型号扣 5 分，最多扣 20 分 | | | |
| | | PLC 程序调试 | 25 | PLC 程序不会下载到 PLC，扣 5 分；修改 PLC 程序不熟练，扣 2～5 分；PLC 程序调试后仍不正确扣 5～15 分，最多扣 25 分 | | | |
| 安全文明操作 | 20 | | | 操作失误或违规操作造成器件损坏扣 5 分。恶意损坏器件取消实训成绩 | | | |
| | | | | 违反实训室规定和纪律，经指导老师警告第一次扣 10 分，第二次取消实训成绩 | | | |
| | | | | 乱摆放工具扣 2 分；乱丢杂物扣 2 分；工作台凌乱扣 5 分；完成任务后不清理工位扣 5 分，本项目 10 分扣完为止 | | | |
| 总得分 | | | | | | | |

## 知识链接

### FX2NPLC 编程基础

#### 一、GX Developer 编程软件的使用

GX Developer 编程软件可以编写梯形图程序、指令语句表方式程序或状态转移图程序，它支持在线和离线编程功能，不仅具有软元件注释、声明、注解及程序监视、测试、检查等功能，能方便地实现程序的写入、读取、监控等功能。此外，它还具有运行写入功能，这样可以避免频繁操作 RUN/STOP 开关，方便程序调试。

1. 编程软件的启动与退出

启动 GX Developer 编程软件，可用鼠标双击桌面上的"快捷图标"，也可以在"开始"菜单依次选择"所有程序"→"MELSOFT 应用程序"→"GX Developer"命令，其操作对话框如图 4-3 所示，图 4-3 为打开的编程软件界面窗口。若要退出编程软件，则单击"工程"菜单，选择"退出工程"命令，或直接单击"关闭"按钮也可退出编程软件。

2. 新建一个工程

进入编程环境后，可以看到窗口编辑区域是不可用的，工具栏中除了"新建"和"打开"按钮可见以外，其余按钮均不可见，单击图 4-4 中的按钮 □，或单击"工程"菜单，选择"创建新工程"命令，如图 4-5 所示。

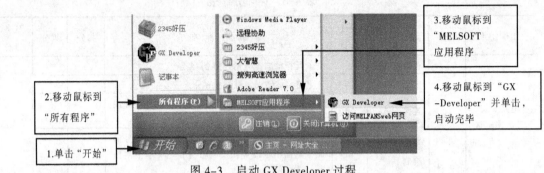

图 4-3　启动 GX Developer 过程

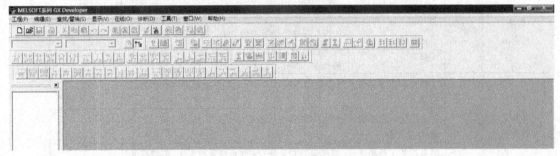

图 4-4　运行 GX Developer 后的界面

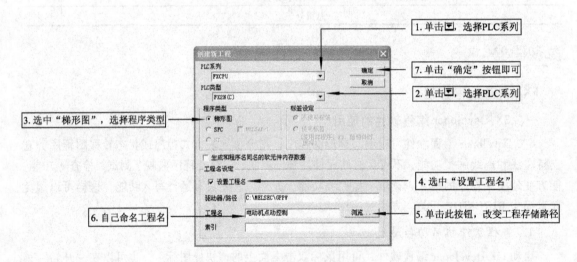

图 4-5　建立新工程界面

　　按图所示选择 PLC 系列和类型，本教材选用 FX2N-48MT 型可编程序控制器，如图 4-6、图 4-7 所示选择。此外，设置项还包括程序类型和工程名设置。程序类型即梯形图和 SFC（顺控程序），工程名设置即设置工程的保存路径和工程名称等，工程名设置也可一开始不进行设置，在编程过程中通过另存工程或保存工程进行设置，也可在关闭程序时按提示进行设置。

**注意**：PLC系列和PLC类型两项必须设置，且须与所连接的PLC一致，否则程序将无法写入PLC，设置好上述各项后如图4-8所示，即可进行程序的编制。

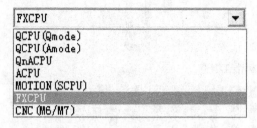

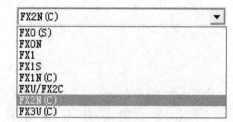

图4-6 PLC系列选择下拉列表 图4-7 PLC类型选择下拉列表

3. 程序的编辑窗口介绍

程序的编辑窗口分为6个区域：标题栏、菜单栏、工具栏、编辑区、工程数据列表和状态栏，如图4-8所示。

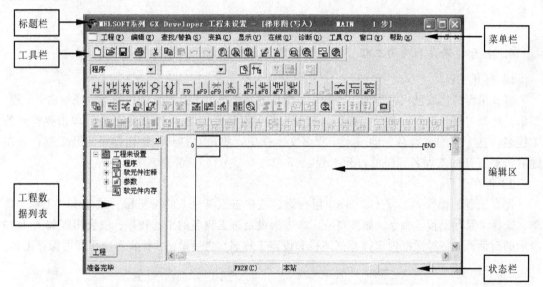

图4-8 程序的编辑窗口

1）菜单栏

程序的编辑窗口有10个菜单栏，允许使用鼠标或者键盘执行菜单栏中各种可执行的命令。菜单栏如图4-9所示。

图4-9 三菱GX软件菜单栏

2）工具栏

工具栏提供了常用命令或工具的快捷按钮，程序的编辑窗口有8个常用工具栏：标准、数据切换、梯形图符号、程序、注释、软元件内存、SFC和SFC符号8个工具条。其中标准工具条和程序工具条如图4-10和图4-11所示。

图 4-10　标准工具条

图 4-11　程序工具条

**4.　打开、保存和关闭工程**

**1）打开工程**

打开工程即读取已保存过的工程程序。操作方法是单击工具栏上的按钮 ，或单击"工程"菜单，选择"打开工程"命令，弹出"打开工程"对话框如图 4-12 所示，左键单击要打开的工程名，这个工程名就会自动写入工程名文本框中，单击"打开"按钮即可打开工程，或左键双击要打开的工程名，即可打开工程。

**2）保存工程**

保存工程的操作可以按【Ctrl+S】组合键，或单击工具栏上的按钮 ，或单击"工程"菜单，选择"保存工程"命令。如果是一个事先未设定过工程名的工程程序，就会出现如图 4-13 所示的对话框，在对话框内选择存储路径和设定工程名，之后单击"保存"按钮即可保存工程。

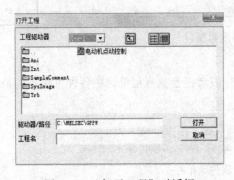

图 4-12　"打开工程"对话框

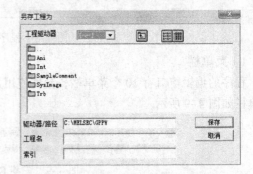

图 4-13　"另存工程为"对话框

**3）关闭工程**

关闭一个没有事先设定工程名的程序或者一个正在编辑的程序时，会弹出一个对话框。如图 4-14 所示，如果希望保存就单击"是"按钮，否则就单击"否"按钮。

如果弹出的是如图4-15所示的对话框，则说明程序中含有未变换的梯形图，需要处理后再关闭，操作方法是在对话框内单击"否"按钮，再到编辑界面上进行梯形图变换，处理完成后关闭。

图4-14 "是否保存工程"对话框　　　　图4-15 含有未变换梯形图对话框

### 5. 改变PLC类型

若创建新工程时没有正确选择PLC系列和PLC类型两项设置，造成所编制的程序与连接的PLC类型不一致，程序无法写入PLC，此时可单击"工程"菜单，选择"改变PLC类型"命令，弹出"改变PLC类型"对话框如图4-16所示，在PLC系列和PLC类型的下拉列表中选择实际使用的PLC类型，单击"确定"按钮即可改变PLC类型。

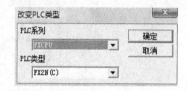

图4-16 改变PLC类型对话框

### 6. 软元件输入的方法

软元件输入的方法主要有4种。

1）直接从梯形图符号工具栏选取输入法

梯形图符号工具栏如图4-17所示，把光标（默认为蓝色的矩形框）放到需要输入软元件的位置后，在工具栏中单击要输入的梯形图符号，在编辑区会弹出一个对话框，如单击按钮 ，弹出梯形图输入对话框如图4-18所示。用键盘输入软元件号，如图4-19所示。单击"确定"按钮，或按【Enter】键即可完成软元件输入。软元件就放置到编辑区，软元件号在梯形图上自动生成为3位数，如图4-20所示。

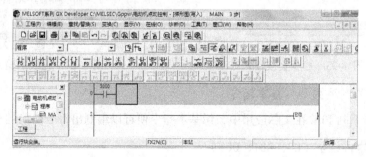

图4-17 梯形图符号工具栏

图4-18 梯形图输入对话框　　　　图4-19 输入软元件号

图4-20 软元件显示

2）左键双击输入法

把光标放到需要输入软元件的位置，双击后弹出"梯形图输入"对话框如图 4-21 所示，单击梯形图输入的下三角按钮 ▼，选取相应的梯形图符号。用鼠标选取梯形图符号后，单击激活右边的输入框，输入软元件号，单击"确定"按钮即可完成软元件输入，或按【Enter】键即可。

图 4-21　软元件输入对话框

3）直接使用快捷键输入法

梯形图符号对应的快捷键如图 4-17 所示，其中 s、c、a、ca 分别表示【Shfit】、【Ctrl】、【Alt】、【Ctrl+Alt】。把光标放到需要输入软元件的位置，如要输入梯形图符号 ⊣⊢ᶠ5 时，要把【Shift】和【F5】同时按下，在编辑区出现"梯形图输入"对话框如图 4-22 所示，在右框直接输入软元件后单击"确定"按钮，或按【Enter】键即可完成软元件输入。

图 4-22　快捷键梯形图输入框

4）使用指令语句直接输入法

使用指令语句输入时可以不区分大小写，把光标放到需要输入软元件的位置，输入"LD X0"，如图 4-23 所示，输入后单击"确定"按钮，或按【Enter】键即可完成软元件输入。需要注意的是，指令代码与软元件之间一定要有空格。

**注意**：输入的软元件符号和地址分配范围必须与所用 PLC 型号相一致。

7. 连线的输入与删除

在本软件中，连线的输入与删除与输入软元件的方法一样，可以采用鼠标点击梯形图工具栏相应的符号，也可以直接使用功能键输入，如图 4-24 所示。

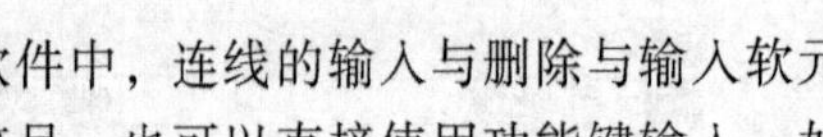

图 4-23　指令直接输入对话框

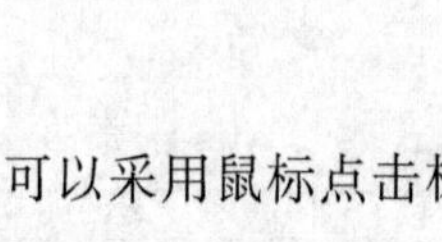

图 4-24　连线的输入与删除

## 二、三菱 FX2N 系列 PLC 基本指令

三菱 FX2N 系列 PLC 在实际应用中，用基本指令便可以编制出符合功能的控制程序。

1. 输入/输出指令（LD、LDI、OUT）

1）输入/输出指令格式及梯形图表示方法（见表 4-4）

表4-4 输入/输出指令表示法

| 指令符号（名称） | 功 能 | 梯形图示法 | 可选操作元件 |
|---|---|---|---|
| LD（取） | 常开（动合）触点与左母线相连 | 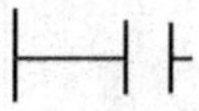 ⊢ ⊦ | X、Y、M、S、T、C |
| LDI（取非） | 常闭（动断）触点与左母线相连 |  ⊢ ⫽ | X、Y、M、S、T、C |
| OUT（输出） | 线圈驱动 | （ ） | X、Y、M、S、T、C |

2）使用说明

（1）LD指令和LDI指令对应的触点与左母线相连，用于将常开触点与常闭触点接到左母线上。也可以与ANB、ORB指令配合使用，用来定义与其他电路串并联的电路起始触点。

（2）OUT指令，可用于输出继电器、辅助继电器、定时器、计数器、状态寄存器的驱动，但不能用于输入继电器。输出类指令应放在梯形图的最右边。

（3）在定时器、计数器的输出指令后，必须设定常数K的值。

**2. 触点串联指令(AND、ANI)**

1）触点串联指令格式及梯形图表示法（见表4-5）

表4-5 触点串联指令表示法

| 指令符号（名称） | 功 能 | 梯形图示法 | 可选操作元件 |
|---|---|---|---|
| AND（与） | 常开触点串联 | 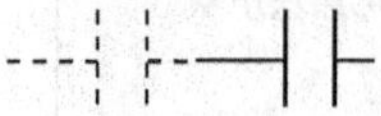 ---⊣ ⊦--- ⊢ ⊦ | X、Y、M、S、T、C |
| ANI（与非） | 常闭触点串联 | 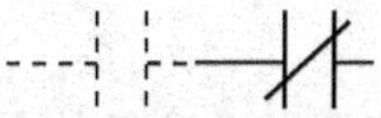 ---⊣ ⊦--- ⫽ | X、Y、M、S、T、C |

2）使用说明

单个触点与左边电路串联时，使用AND和ANI指令，对串联触点的个数没有限制。触点串联指令是用来描述单个触点与别的触点或触点组成电路的连接关系。

**3. 触点并联指令(OR、ORI)**

1）触点并联指令格式及梯形图表示法（见表4-6）

表4-6 触点并联指令表示法

| 指令符号（名称） | 功 能 | 梯形图示法 | 可选操作元件 |
|---|---|---|---|
| OR（或） | 常开触点并联 | 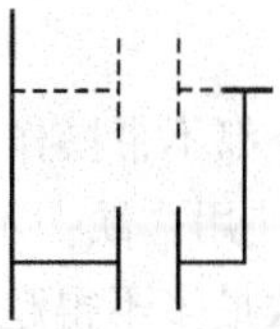 ⊢ ⊦ ⊢ ⊦ | X、Y、M、S、T、C |

| 指令符号（名称） | 功　能 | 梯形图示法 | 可选操作元件 |
|---|---|---|---|
| ORI（或非） | 常闭触并串联 | 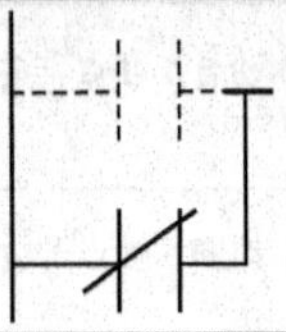 | X、Y、M、S、T、C |

2）使用说明

OR、ORI 指令均用于单个触点与前面电路的并联指令，并联触点的左端到该指令所在电路块的起始点（LD 点）上，右端与前一条指令对应的触点的右端相连。

4. 电路块并联、串联指令（ORB、ANB）

1）块并联/串联指令格式及梯形图表示法（见表 4-7）

**表 4-7　电路块并联、串联指令表示法**

| 指令符号（名称） | 功　能 | 梯形图示法 | 可选操作元件 |
|---|---|---|---|
| ORB（块或） | 电路块并联 | 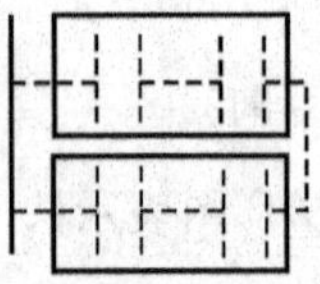 | |
| ANB（块与） | 电路块串联 | 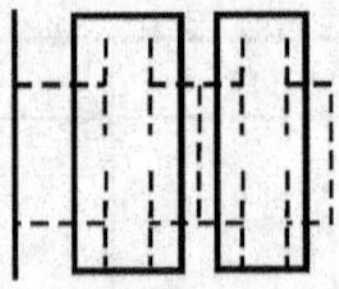 | |

2）使用说明

（1）含有两个触点的电路串联或并联结构的叫做串联或并联电路块，简称块"与"和块"或"。ORB、ANB 指令都是不带软元件的独立指令。

（2）ORB 指令将多触点电路块（一般是串联电路块）与前面的电路块并联，它不带元件。

（3）ANB 指令将多触点电路块（一般是并联电路块）与前面的电路块串联，它不带元件。

（4）若将多个电路块并联或串联，应在每一个并联电路块之后使用一个 ORB 指令，或应在每一个串联电路块之后使用一个 ANB 指令，在编程时，电路块中串并联元件的个数不限，但 ORB 或 ANB 指令最多只能使用 8 次。

5. 进栈、读栈和出栈指令（MPS、MRD 和 MPP）

1）进栈、读栈和出栈指令格式及梯形图表示法（见表 4-8）

2）使用说明

（1）MPS、MRD、MPP 指令都不带操作元件。

（2）MPS 与 MPP 必须成对使用，缺一不可，MRD 指令有时可以不用。

（3）MPS 指令连续使用次数最多不得超过 11 次。

（4）MPS、MRD、MPP 指令之后若无触点串联，直接驱动线圈，则应该用 OUT 指令。

（5）MPS、MRD、MPP 指令之后若有单个常开或常闭触点串联，则应该用 AND 或 ANI 指令。

（6）MPS、MRD、MPP 指令之后若有触点组成的电路块串联，则应该用 ANB 指令。

表 4-8　进栈、读栈和出栈指令格式及梯形图表示法

| 指令符号（名称） | 功　能 | 梯形图示法 | 可选操作元件 |
| --- | --- | --- | --- |
| MPS 回路块与 | 并联回路块的串联连接 | 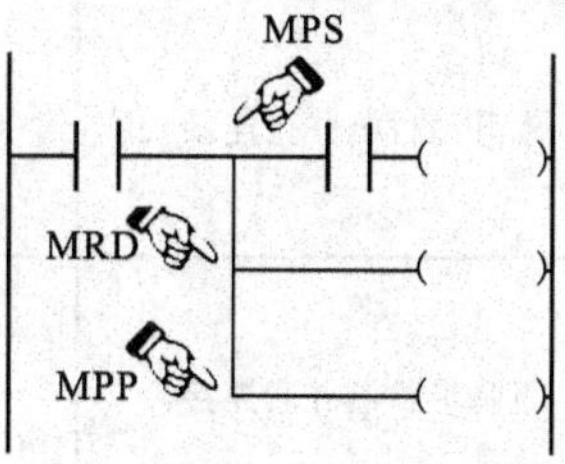 | |
| MRD 回路块与 | 并联回路块 | | |
| MPP 回路块与 | 并联回路块的串联连接 | | |

6. 主控、主控复位指令（MC、MCR）

1）MC、MCR 指令格式及梯形图表示法（见表 4-9）

表 4-9　MC、MCR 指令格式及梯形图表示法

| 指令符号（名称） | 功　能 | 梯形图示法 | 可选操作元件 |
| --- | --- | --- | --- |
| MC（主控） | 公共串联触点的连接 | ─[ MC　　N0 ]─ | Y、M |
| MCR （主控复位） | 公共串联触点的清除 | ─[MCR　　N0 ]─ | 无 |

2）使用说明

（1）MC 指令必须有条件，当条件具备时，执行该主控段内的程序；条件不具备时，不执行该主控段内的程序。此时该程序主控段内的积算定时器、计数器、用 SET/RST 指令驱动的软元件保持其原来的状态，常规定时器和用 OUT 驱动的软元件状态变为 OFF 状态。

（2）使用 MC 指令后，相当于母线移到主控触点之后，因此与主控触点相连的触点必须用 LD 或 LDI 指令。再由 MCR 指令使母线回到主母线上，因此 MC、MCR 指令必须成对出现。

（3）使用主控指令的梯形图中，仍然不允许双线圈输出。

（4）MC 指令可以嵌套使用，即在 MC 指令内可再使用 MC 指令，嵌套级 N 的编号 0~7 依次增大，用 MCR 指令返回时，嵌套级的编号由大到小依次解除。

7. 脉冲上升沿、下降沿指令（LDP、LDF、ANDP、ORP 和 ORF）

1）指令格式及梯形图表示法（见表 4-10）

表 4-10　脉冲上升沿、下降沿指令表示法

| 指令符号（名称） | 功　能 | 梯形图示法 | 可选操作元件 |
| --- | --- | --- | --- |
| LDP（取脉冲上升沿） | 上升沿检测运算开始 | 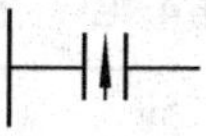 | X、Y、M、S、T、C |
| LDF（取脉冲下降沿） | 下降沿检测运算开始 | 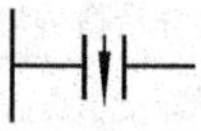 | X、Y、M、S、T、C |
| ANDP（"与"脉冲上升沿） | 上升沿检测串行连接 | 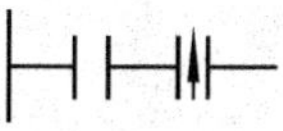 | X、Y、M、S、T、C |

| 指令符号（名称） | 功　能 | 梯形图示法 | 可选操作元件 |
|---|---|---|---|
| ANDF（"与"脉冲下降沿） | 下降沿检测并行连接 | 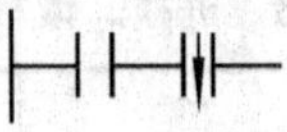 | X、Y、M、S、T、C |
| ORP（"或"脉冲上升沿） | 上升沿检测并行连接 | 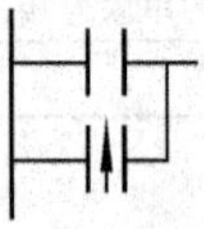 | X、Y、M、S、T、C |
| ORF（"或"脉冲下降沿） | 下降沿检测并联连接 | 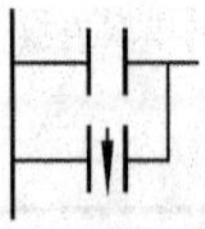 | X、Y、M、S、T、C |

2）使用说明

（1）LDP、ANDP 和 ORP 指令，是进行上升沿检测的触点指令、触点的中间有一个向上的箭头，对应的触点仅在指定位元件的上升沿（由 OFF 变为 ON）时接通一个扫描周期。

（2）LDF、ANDF 和 ORF 指令，是进行下降沿检测的触点指令，触点的中间有一个向下的箭头，对应的触点仅在指定位元件的下降沿（由 ON 变为 OFF）时接通一个扫描周期。

8. 置位、复位指令（SET、RST）

1）指令格式及梯形图表示法（见表 4-11）

表 4-11　置位、复位指令表示法

| 指令符号（名称） | 功　能 | 梯形图示法 | 可选操作元件 |
|---|---|---|---|
| SET（置位） | 使元件保持 ON | ─[SET ── ] | Y、M、S |
| RST（复位） | 使元件保持 OFF | ─[RST ── ] | Y、M、S、T、C、D、V、Z |

2）使用说明

（1）SET、RST 指令，适用于短信号操作，使指定元件接通并保持以及清零复位。

（2）SET、RST 指令，操作均在触发信号有效，且两操作之间允许有其他程序；对于同一元件可多次使用 SET、RST 指令操作，如果各 SET、RST 指令操作条件成立，则只有最后一次 SET、RST 操作有效。

9. 上升沿、下降沿检测线圈指令(PLS、PLF)

1）指令格式及梯形图表示法（见表 4-12）

表 4-12　上升沿、下降沿检测线圈指令

| 指令符号（名称） | 功　能 | 梯形图示法 | 可选操作元件 |
|---|---|---|---|
| PLS（上升沿脉冲） | 上升沿微分输出 | {PLS　　　} | Y、M |
| PLF（下降沿脉冲） | 下降沿微分输出 | ─[PLF　　　] | Y、M |

2）使用说明

PLS 指令，当 PLC 检测到触发信号时由断开到闭合变化时，指定的继电器（不包括特殊辅助继电器）仅接通一个扫描周期。

PLF 指令，当 PLC 检测到触发信号时由闭合到断开变化时，指定的继电器（不包括特殊辅助继电器）仅接通一个扫描周期。

10. 程序结束指令（END）

1）指令格式及梯形图表示法（见表 4-13）

表 4-13　结束指令表示法

| 指令符号（名称） | 功　能 | 梯形图示法 | 可选操作元件 |
|---|---|---|---|
| END(结束) | 程序结束 | ─[ END ]─ | 无 |

2）使用说明

（1）在程序结束时采用 END 指令，PLC 执行第一步至 END 指令间的程序。

（2）在程序调试时，可将 END 指令插入各程序段中，进行程序分段调试，待调试成功后再删除插入的 END 指令。

### 三、PLC 编程语言

PLC 常用的编程语言有梯形图、指令表和状态转移图、逻辑功能图和高级语言等。其中，使用最多的是梯形图和指令表程序。

1. 梯形图

梯形图语言沿袭了传统继电器-接触器控制电路的形式，也可以说，梯形图是在常用的继电器-接触器控制线路基础上演变而来的，具有直观、形象、方便的特点，电气技术人员容易接受，是目前使用得最多的一种 PLC 编程语言。

图 4-25 所示为用梯形图语言编写的 PLC 程序。图中左右母线类似于继电器-接触器控制图中的电源线，输出线圈类似于驱动的接触器线圈，输入触点类似于按钮。梯形图由若干个梯级组成，自上而下排列，每个梯级起于左母线，经触点到线圈，止于右母线。只要从左到右的逻辑关系成立，右边的虚拟线圈就会被驱动。

2. 指令表

这种编程语言是一种与计算机汇编语言类似的助记符编程方式。指令表程序的编写要遵循自上而下、从左往右的顺序来编写。与图 4-25 所示梯形图程序相对应的 PLC 指令表程序如图 4-26 所示。

3. 顺序功能流程图

顺序功能流程图（又称 SFC），编程方式采用画工艺流程图的方法编程，只要在每一个工艺步方框的输入和输出端标上特定的符号即可，如图 4-27 所示就是用功能图描述了一个顺序控制过程的局部内容。用这种方法编程，不需要很多电气知识，非常方便。

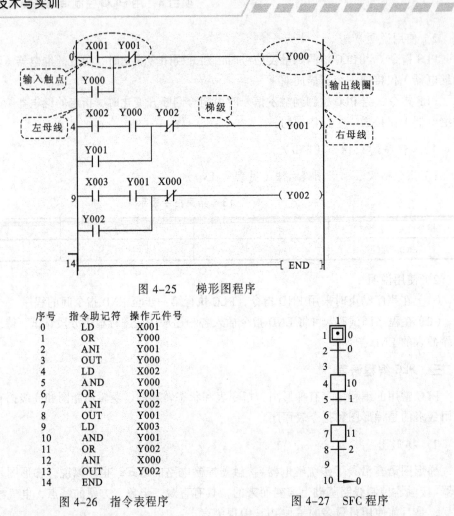

图 4-25    梯形图程序

| 序号 | 指令助记符 | 操作元件号 |
|---|---|---|
| 0 | LD | X001 |
| 1 | OR | Y000 |
| 2 | ANI | Y001 |
| 3 | OUT | Y000 |
| 4 | LD | X002 |
| 5 | AND | Y000 |
| 6 | OR | Y001 |
| 7 | ANI | Y002 |
| 8 | OUT | Y001 |
| 9 | LD | X003 |
| 10 | AND | Y001 |
| 11 | OR | Y002 |
| 12 | ANI | X000 |
| 13 | OUT | Y002 |
| 14 | END | |

图 4-26    指令表程序

图 4-27    SFC 程序

## 四、梯形图的特点和设计规则

梯形图与传统的继电器-接触器控制电路相近，在结构形式、元件符号及逻辑功能上类似，但梯形图有其自己的特点及设计规则。

（1）梯形图中，每一个逻辑行（即一个梯级）必须驱动至少一个继电器线圈。每个梯级开始于左母线，然后是触点的连接，最后止于继电器线圈。左母线与线圈之间一定要有触点，而线圈与右母线之间不能有任何触点存在，如图 4-28 所示。

（2）梯形图中，当一个梯级的逻辑关系满足时，右边的输出线圈就得电，则这个线圈所对应的常开触点就闭合，常闭触点就断开。

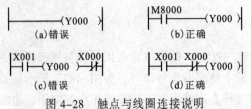

图 4-28    触点与线圈连接说明

（3）梯形图中，梯形图两端的母线并非实际电源的两端，而是"假想"电源，"假想"电流只能从左向右流动。

（4）梯形图中，所有继电器的编号应在所选 PLC 软元件表所列范围之内，不能任意使用。同一编号继电器线圈只能出现一次，而其触点可无限次使用。同一编号的线圈在程序中使用两次或两次以上，称为双线圈输出，双线圈输出只有在特殊情况下才允许出现。如项目中用步进指令编写的程序中，就允许双线圈出现。一般程序中如果出现双线圈输出，则容易引起误操作，这是因为程序中输出继电器的结果是唯一的。假如按控制要求画出的梯形图中出现如图 4-29（a）所示的双线圈输出，可以适当改变梯形图，如图 4-29（b）所示。

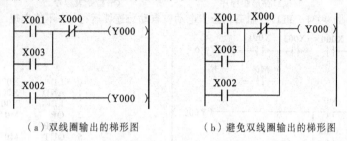

（a）双线圈输出的梯形图　　　　（b）避免双线圈输出的梯形图

图 4-29　双线圈输出和避免双线圈输出的梯形图

（5）梯形图中，输入继电器只有触点，没有线圈。

（6）梯形图中，所有触点都应按自上而下、从左到右的顺序排列，并且触点只允许画在水平方向，如图 4-30 所示。

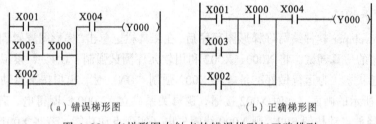

（a）错误梯形图　　　　　　（b）正确梯形图

图 4-30　在梯形图中触点的错误排列与正确排列

**五、程序分析和仿真调试**（以三相异步电动机点动与连续运行为例，电路如图 4-1）

1. PLC 控制三相异步电动机点动与连续运行的梯形图和指令表程序分析

此电路如果直接按继电器-接触器控制电路编程，考虑 SB1、FR 使用常闭接入，因此梯形图中采用负逻辑，X000、X003 使用常开触点，其梯形图如图 4-31 所示。使用软件仿真调试时，发现 X0002 的强制动作不能实现点动功能，也是连续运行功能。原因在于 PLC 输入软元件 X002 的工作方式与点动复合按钮的工作方式有差异，输入软元件 X002 的常开触点与常闭触点动作没有先后之分，造成 X002 断开后线路自锁，无法实现点动功能。这与实际的按钮有区别，实际按钮的常闭触点恢复闭合与常开触点恢复断开有时间差，正因为这个时间差，造成线路不能自锁，才会使线路具有点动功能。所以，直接按继电器-接触器控制电路来改编 PLC 程序行不通。

改进的办法有多种，其中常用的一种编程思路是：如图 4-32 所示，控制输出 Y000 有两路，一路是点动，由 X002 来实现；另一路是连续运行，由 X001 控制并借助辅助继电器 M0 来实现，辅助继电器线圈 M0 的驱动由简单的连续运行梯形图来实现。这样，点动和连续运行是独立的，可以避免相互之间的干扰，这样的编程方法思路清晰、便于掌握。

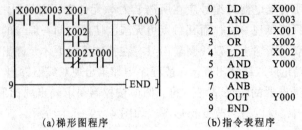

| (a)梯形图程序 | (b)指令表程序 |
|---|---|

图 4-31　PLC 控制三相异步电动机点动与连续运行——不能实现

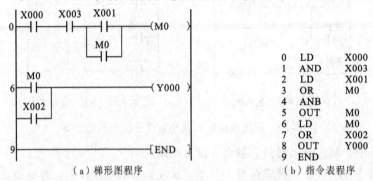

| （a）梯形图程序 | （b）指令表程序 |
|---|---|

图 4-32　PLC 控制三相异步电动机点动与连续运行——能实现

### 2. 程序仿真调试

利用 GX Developer 软件编写好梯形图程序后，在工具栏上单击"梯形图逻辑测试起动/结束"按钮，进入程序的仿真调试，将 X000、X002 利用软元件测试强制"ON"，模拟 SB1 和 FR 常闭触点处于接通状态，为运行做好准备。将 X002 强制"ON"时，模拟按下点动按钮 SB3，则出现如图 4-33 所示的画面，此时 X002 接通，逻辑关系成立，Y000 线圈得电，若将 X002 强制"OFF"，模拟释放点动按钮 SB3，则 Y000 线圈失电，实现点动功能；若将 X001 强制"ON"，再强制"OFF"，模拟连续运行按钮 SB2 的按下与释放，将出现如图 4-34 所示的画面，此时 M0 得电自锁，同时 Y000 线圈也得电，实现连续运行。若将 X000 强制"OFF"时，再强制"ON"，模拟停止按钮 SB1 的按下与释放，此时 M0 失电，自锁解除，Y000 线圈也失电。仿真调试结束，再在工具栏上单击"梯形图逻辑测试起动/结束"按钮，退出程序的仿真调试。

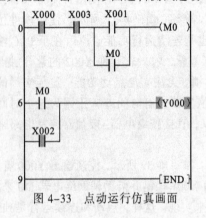

图 4-33　点动运行仿真画面

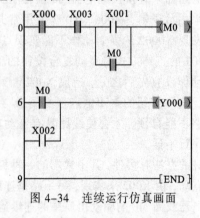

图 4-34　连续运行仿真画面

## 知能拓展

### PLC 程序的经验设计法

PLC 梯形图程序的设计没有固定的模式，经验是很重要的。所谓经验设计法，就是在传统的继电器–接触器控制图和 PLC 典型控制电路的基础上，依据积累的经验进行设计修改和完善，最终得到优化的控制程序。

经验法设计 PLC 控制程序的一般步骤如下：

（1）分析控制要求，选择控制方案。可将生产机械的工作过程分成各个独立的简单运动，再设计这些简单运动的控制程序。

（2）确定输入/输出信号。按钮、行程开关、接近开关和热继电器的常闭触点等作为输入信号，接触器、电磁阀、指示灯和蜂鸣器等作为输出信号。

（3）设计基本控制程序，根据制约关系，在程序中加入联锁触点，实现软件联锁。

（4）设置必要的保护措施，检查、修改和完善。

当然，经验设计法也存在一些缺陷，需引起注意，生搬硬套的设计不一定能达到理想的控制要求，如本任务中的图 4-31，只有理解了继电器–接触器控制电路的动作方式是并行的，同一器件的常开、常闭触点动作是有时间差的，而 PLC 程序是自上而下、从左到右的扫描工作方式，同一软元件的常开、常闭触点动作是同时的，才会避免一些不必要的错误发生。

梯形图的优化：

（1）在每一个逻辑行上，串联触点多的电路块应安排在最上面，即上重下轻的设计原则，这样，可省略一条 ORB 指令，如图 4-35 所示。

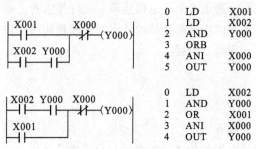

图 4-35  串联触点多的电路块应安排在最上面

（2）在每一个逻辑行上，并联触点多的电路块应安排在最左面，即左重右轻的设计原则这样，可省略一条 ANB 指令，如图 4-36 所示。

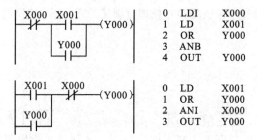

图 4-36  并联触点多的电路块应安排在最左面

对于本工作任务，采用优化后的梯形图和指令表程序如图4-37所示。

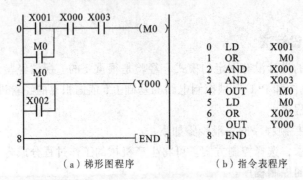

（a）梯形图程序　　　　　　（b）指令表程序

图4-37　优化后的PLC控制三相异步电动机点动与连续运行

# 任务2　用可编程序控制器PLC控制传送带输送机与分拣机构

先进的机电气液综合控制系统大多是自动化控制设备（也就是机电一体化系统），其正常的运行需高精度检测元件构成的信息采集系统（检测识别环节）支持，采集的信息送控制及信息处理单元处理，从而控制协调整个设备的运行。就好比人必须有视觉和感觉系统来认识五彩缤纷的物质世界一样，人的大脑对感知的信息进行处理，协调人体的行动。

对机电设备来说，信息采集系统检测的内容包括：设备内部运行状态的检测、监控，设备加工工序的状况监测、工序转换信息数据的采集等，其中构成信息采集系统最基础的电气测量元件就是传感器，属于非电量电测技术学科。

机电一体化实训装置的检测元件由光电传感器、光纤传感器、电容传感器、电感传感器、磁性传感器等元件组成。掌握这些检测元件的特点、原理和使用知识，是完成项目4任务2的基础，希望学生认真学习、理解并掌握。

## 学习目标

- 学会步进顺控指令的编程方法；
- 学会用用步进顺控指令控制传送带输送机与分拣机构运行。

## 任务描述

在实训装置上，用可编程序控制器PLC模拟控制某工厂生产线终端的一条传送带输送分拣装置。

## 任务分析

### 1. 任务要求

某工厂生产加工金属、白色塑料和黑色塑料3种工件，在该生产线的终端有一条传送带输送分拣装置，将这3种工件分别送达到不同的地方。各部件名称如图4-38所示。

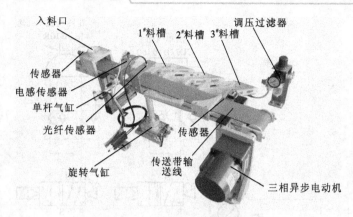

图 4-38　传送带输送机各部件名称

1）设备启动前的状态

设备在运行前应检查各部件是否在初始位置，是否能按要求运行。初始位置要求：两个负责分拣的气缸活塞杆均处于缩回状态，如不符合初始位置要求，设备不能启动。

2）设备各装置正常工作流程

接通电源，若设备处于初始位置，警示红灯亮，表示装置处于工作准备状态。按下启动按钮，设备启动，警示红灯灭，警示绿灯亮，指示设备处于工作状态，传送带输送机以 15 Hz 的频率低速正转运行，开始工件的分拣准备，当传送带输送机的入料口检测到有工件时，传送带输送机以 30 Hz 的频率中速正转运行，如果 1 号槽位置的电感传感器检测到是金属工件，则工件由气缸推入 1 号料槽；如果 2 号槽位置的光纤传感器检测到是白色塑料工件，则导料气缸转动，工件导入 2 号料槽；如果是黑色塑料工件，则进入 3 号料槽，推料时传送带输送机无需停止。在工件被推入料槽后才可以向皮带输送机放入下一个工件。若传送带输送机上没有工件，则传送带输送机以 15 Hz 的频率低速正转运行，进行待料。

3）设备的正常停止

按下停止按钮，设备在分拣完传送带输送机上的工件后停止工作，设备回到初始状态后绿色警示灯熄灭，警示红灯亮，装置回到工作准备状态。

4）设备的保护

若设备启动 5 s 后，入料口光电传感器仍未检测到物料，则警示黄灯以 1 Hz 频率闪烁，提示尽快下料，若待料超过 15 s，则设备自动停止，警示红灯亮，装置回到工作准备状态。

根据交流电动机的规格及所拖动的设备设定变频器的电动机过载保护参数和低频时转矩提升参数。并将交流电动机的启动加速时间设定为 1 s，停机减速时间设定为 0.2 s。

2. 任务内容

请根据生产设备的工作要求在实训装置上完成下列工作任务：

（1）按设备部件组装图 4-38 及其要求和说明，在铝合金工作台上组装传送带输送机；

（2）按气动系统图 4-39 及其要求和说明，连接组装传送带输送机的气路；

（3）画出传送带输送机与分拣机构的电气控制原理图，并按照电气控制原理图连接线路；

（4）编写 PLC 控制的模拟生产设备工作程序；

（5）运行并调试程序，达到生产设备的工作要求。

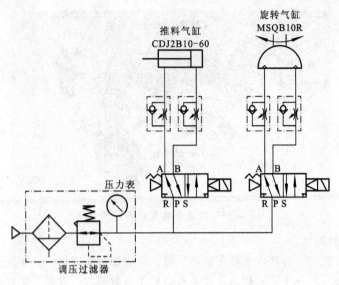

图 4-39　传送带输送机气路图

## 任务实施

### 1. 实训器材

实训器材（见表4-14）。

表 4-14　实训器材一览表

| 序号 | 名　称 | 规　格 | 数量 | 备注 |
|---|---|---|---|---|
| 1 | 单相交流电源 | ~ 220 V、10 A | 1 处 | |
| 2 | 三相四线交流电源 | ~ 3 × 380 / 220 V、20 A | 1 处 | |
| 3 | 光机电一体化实训考核装置 | THJDME-1 型 | 1 台 | |
| 4 | 机械设备安装工具 | 活动扳手，内、外六角扳手，钢直尺、高度尺，水平尺，角度尺等 | 1 套 | |
| 5 | 电工工具 | 电工常用工具 | 1 套 | |
| 6 | 编程计算机及编程软件 | 主流计算机及安装三菱 GX Developer 编程软件 | 1 套 | |
| 7 | 静音气泵 | 自定 | 1 台 | |
| 8 | 绝缘冷压端子 | 一字形 | 1 包 | |
| 9 | 导线 | 0.75 $mm^2$ | 若干 | |
| 10 | 万用表 | 自定 | 1 只 | |
| 11 | 异形管 | 1 $mm^2$ | 1 m | |
| 12 | 扎线 | 自定 | 若干 | |
| 13 | 气管 | $\phi 3$、$\phi 5$ | 若干 | |
| 14 | 黑色记号笔 | 自定 | 1 支 | |
| 15 | 劳保用品 | 绝缘鞋、工作服等 | 1 套 | |

注：机电一体化实训由两名同学组成一组分工协作完成，表4-14中所列工具、材料和设备，仅针对一组而言，实训时应根据学生人数确定具体数量。

**2. 项目任务操作步骤**

**1）绘制电气控制原理图**

（1）确定 PLC 的输入/输出点数。根据工作任务的要求，推料气缸和导料气缸共有 4 个磁性开关、2 个光电传感传感器、1 个光纤传感器和 1 个电感传感器，工作过程还需要 1 个启动按钮和 1 个停止按钮，所以一共有 9 个输入信号，共需 PLC 的 9 个输入点。工作过程需要驱动机械手单电控电磁阀 2 只，工作指示灯 3 只，变频器控制信号 3 个，所以一共有 8 个输出信号，共需 PLC 的 8 个输出点。

参考的输入/输出地址分配表如表 4-15 所示。

表 4-15　输入/输出地址分配表

| 序号 | PLC 地址 | 名称及功能说明 | 序号 | PLC 地址 | 名称及功能说明 |
|---|---|---|---|---|---|
| 1 | X0 | 启动按钮 | 11 | Y10 | 推料气缸 |
| 2 | X1 | 停止按钮 | 12 | Y11 | 导料气缸 |
| 3 | X15 | 推料一伸出限位传感器 | 13 | Y12 | 警示红灯 |
| 4 | X16 | 推料一缩回限位传感器 | 14 | Y13 | 警示绿灯 |
| 5 | X17 | 导料转出限位传感器 | 15 | Y14 | 警示黄灯 |
| 6 | X20 | 导料原位限位传感器 | 16 | Y20 | 变频器 STF |
| 7 | X21 | 入料检测光电传感器 | 17 | Y21 | 变频器 RM |
| 8 | X22 | 料槽一检测传感器 | 18 | Y22 | 变频器 RL |
| 9 | X23 | 料槽二检测传感器 | 19 | | |
| 10 | X24 | 分拣槽检测光电传感器 | 20 | | |

（2）绘制电气控制原理图。由工作任务要求可知，绘制出 PLC 的电气控制原理图，参考电路如图 4-40 所示。

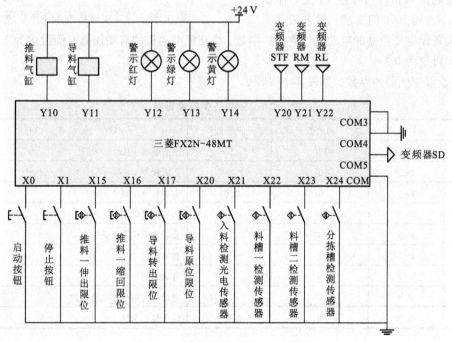

图 4-40　传送带输送机电气原理图

2）安装传送带输送机与分拣机构机械部件和气路

参见项目1图1-9传送带输送与分拣机构安装图和项目3图3-1光机电一体化实训考核装置气动回路原理图。

3）根据电气控制原理图安装电路

进行电气线路安装之前，首先确保设备处于失电状态，然后根据以下步骤和方法进行电气线路的安装。

（1）将2个单电控电磁阀控制线连接到接线端子排的合适位置上。

（2）将各传感器的信号线连接到接线端子排的合适位置上。

（3）按照电气控制原理图用安全接线连接PLC的输入、输出回路。

（4）最后连接各模块的电源线和PLC的通信线。

（5）操作过程中，工具、材料的放置要规范，不能杂乱无章，随意摆放，要符合安全文明生产的要求。电路安装结束后，一定要进行通电前的检查，保证电路连接正确。通电之后，对输入点要进行必要的检查，尤其是光电、电感和光纤传感器的调整，以达到正常工作的要求。

4）根据工作任务要求编写PLC控制程序

（1）分析工作要求。根据工作任务，主要有两部分要求：一是传送带输送机的变速与分拣的控制要求；二是设备的无料保护。

根据工作任务描述，工作流程图如图4-41所示。

（2）根据工作任务要求编写PLC控制程序和设置变频器参数。

① 列出要设置的变频器参数表。根据传送带输送机正转两种速度（变频器输出15 Hz和30 Hz）的要求，另外根据所

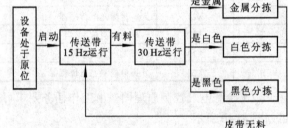

图4-41　传送带输送机工作流程图

拖动的设备设定变频器的电动机过载保护参数。将交流电动机的启动加速时间设定为1 s，停机减速时间设定为0.2 s。

② 设置变频器的参数，如表4-16所示。

表4-16　变频器参数设置表

| 序号 | 参数代号 | 初始值 | 设置值 | 功　能　说　明 |
|---|---|---|---|---|
| 1 | Pr.1 | 120 | 50 | 上限频率（Hz） |
| 2 | Pr.2 | 0 | 0 | 下限频率（Hz） |
| 3 | Pr.3 | 50 | 50 | 电动机额定频率（Hz） |
| 4 | Pr.5 | 30 | 30 | 多段速度设定（中速） |
| 5 | Pr.6 | 10 | 15 | 多段速度设定（低速） |
| 6 | Pr.7 | 5 | 1 | 加速时间 |
| 7 | Pr.8 | 5 | 0.2 | 加减时间 |
| 8 | Pr.9 | 0 | 0.35 | 电动机的电子过电流保护 |
| 9 | Pr.79 | 0 | 2或3 | 运行模式选择 |

先将变频器模块上的各控制开关置于断开位置，接通变频器电源，将变频器参数恢复为出

厂设置。再依次设置表 4-16 所列的参数，最后设置到频率监视模式，操作变频器模块上的控制开关，检查参数设置是否正确。

（3）编写 PLC 控制程序。采用基本指令和 SFC 相结合的编程方法，运行的参考程序如图 4-42 所示。

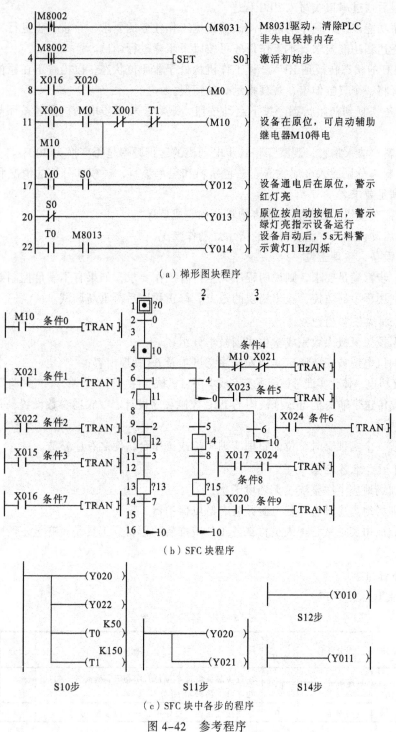

（a）梯形图块程序

（b）SFC 块程序

（c）SFC 块中各步的程序

图 4-42　参考程序

5）调试设备达到规定的控制要求

程序基本编写完成之后，就进入调试阶段。

（1）下载 PLC 程序。在检查电路正确无误，各机械部件安装符合要求，程序已基本编写结束并检查无误后通过串口线写入 PLC 程序。

（2）程序功能调试。程序功能的调试要根据工作任务的要求，一步一步进行，边调试边调整程序，最终达到功能要求。本工作任务可按以下步骤进行调试。

① 把 PLC 的状态转换到 RUN。让工作机构处于非原位状态，以检查不在原位不能启动的要求。如，可将一个气缸伸出，观察指示灯的情况。

② 把设备恢复到初始状态，按下启动按钮，观察三相异步电动机是否按照规定的 15 Hz 频率运行。

③ 从下料口放入物料，观察三相异步电动机的运行频率是否变换为 30 Hz。

④ 从下料口分别放入金属物料、白色塑料和黑色塑料，观察其分拣的情况和电动机的运行频率是否满足要求。

⑤ 按下停止按钮，观察是否能将物料分拣完成后停机。

⑥ 再次启动设备，看设备待料的指示灯动作情况。

⑦ 停止设备，整理工位。

如果每一步都满足要求，则说明程序完全符合工作要求，如果有不满足控制要求的地方，根据现象，利用程序的监控，找出错误的地方，修正程序后再重新调试。

3．项目训练任务的组织

（1）根据授课班级人数完成学生实训教学分组；

（2）强调机电设备安装调试实训安全注意事项及 6S 管理内容；

（3）在光机电一体化实训考核装置上完成本项目机械部件、气动元件、电气线路安装调试任务；

（4）完成传送带输送机与分拣机构的 PLC 控制程序设计、变频器参数设置，并根据任务要求完成功能调试；

（5）完成一个实训工时单位前整理实训工位或工作台，使之有序整洁。

4．项目训练准备注意事项

（1）实训场地应干净整洁，无环境干扰；

（2）实训场地内应设有三相电源并装有触电保护器；

（3）实训前由实训室管理人员检查各工位应准备的器材、工具是否齐全，所贴工位号是否有遗漏。

5．评分标准

评分标准（见表 4-17）。

表 4-17 评 分 表

| 工作任务 | 配分 | 评分项目 | 项目配分 | 扣 分 标 准 | 扣分 | 得分 | 任务得分 |
|---|---|---|---|---|---|---|---|
| 设备组装及电路、气路 | 40 | 部件调整 | 10 | 各传感器位置不符合工作要求、松动等，每处扣 2 分，最多扣 10 分 | | | |
| | | 电路连接 | 10 | 电路接线错误，每处扣 2 分，最多扣 10 分 | | | |

续表

| 工作任务 | 配分 | 评分项目 | 项目配分 | 扣分标准 | 扣分 | 得分 | 任务得分 |
|---|---|---|---|---|---|---|---|
| | | 连接工艺 | 10 | 接线端子导线超过 2 根、导线露铜过长、布线零乱：每处扣 1 分，最多扣 10 分 | | | |
| | | 气路连接 | 10 | 漏气，调试时掉管，每处扣 0.5 分，气管过长，影响美观或安全，每处扣 1 分，最多扣 4 分 | | | |
| 程序与调试 | 40 | 红色警示灯 | 3 | 电源上电指示不正确，扣 3 分 | | | |
| | | 绿色警示灯 | 3 | 装置运行指示不正确，扣 3 分 | | | |
| | | 黄色警示灯 | 4 | 装置待料指示不正确，扣 4 分 | | | |
| | | 原始位置 | 3 | 不符合原始条件能运行系统扣 3 分 | | | |
| | | 金属工件 | 10 | 动作与要求不符，传送带速度与要求不符，气缸动作与要求不符，每处扣 5 分 | | | |
| | | 非金属件 | 12 | 动作与要求不符，传送带速度与要求不符，气缸动作与要求不符，每处扣 5 分 | | | |
| | | 按下停止按钮后，不按要求停止，扣 5 分 | | | | | |
| 安全文明操作 | 20 | 操作失误或违规操作造成器件损坏扣 5 分。恶意损坏器件取消实训成绩 | | | | | |
| | | 违反实训室规定和纪律，经指导老师警告第一次扣 10 分，第二次取消实训成绩 | | | | | |
| | | 乱摆放工具扣 2 分；乱丢杂物扣 2 分；工作台凌乱扣 5 分；完成任务后不清理工位扣 5 分，本项目 10 分扣完为止 | | | | | |
| 总得分 | | | | | | | |

## 知识链接

### 传感器基础步进顺控概述及变频安装注意事项

#### 一、传感器的基本知识

作为信息采集系统的前端单元，传感器的作用越来越重要。传感器已成为机电一体化系统中的关键部件，其重要性变得越来越明显。

最广义地来说，传感器是一种能把物理量或化学量转变成便于利用电信号的器件。国际电工委员会（IEC，International Electrotechnical Committee）的定义为："传感器是测量系统中的一种前置部件，它将输入变量转换成可供测量的信号"，它是被测量信号输入的第一道关口。

1. 传感器的分类

传感器的分类目前尚无统一规定，传感器本身又种类繁多，原理各异，检测对象五花八门，给分类工作带来一定困难，通常传感器按下列原则进行分类，具体见表 4-18。

表 4-18　传感器的分类

| 分类方法 | 传感器的种类 | 说明 |
|---|---|---|
| 按依据的效应分类 | 物理传感器 | 基于物理效应（光、磁、热等） |
| | 化学传感器 | 基于化学效应（吸附，电化学反应等） |
| | 生物传感器 | 基于生物效应（酶、激素等） |

| 分类方法 | 传感器的种类 | 说 明 |
|---|---|---|
| 按输入量分类 | 位移传感器、速度传感器、加速度传感器、温度传感器、压力传感器等 | 传感器以被测物理量名称命名 |
| 按工作原理分类 | 电容传感器、电感传感器、光电传感器、电磁传感器等 | 传感器以工作原理命名 |
| 按输出信号分类 | 模拟传感器 | 输出为模拟量 |
| | 数字传感器 | 输出为数字量 |
| | 开关传感器 | 输出为开关量 |
| 按能量传递方式分类 | 有源传感器 | 将非电量转换为电量 |
| | 无源传感器 | 由被测量去调节或控制传感器中的能量 |
| 按传感器的工作机理分类 | 结构型传感器 | 利用物理学中场的定律和运动定律等构成 |
| | 物性型传感器 | 利用物质法则构成 |

2. 传感器的结构和符号

1）传感器的结构

传感器通常由敏感元件、转换元件和转换电路组成。敏感元件是指传感器中能直接感受（或响应）被测量的器件；转换元件是能将感受到的非电量直接转换成电信号的器件；转换电路是对电信号进行选择、分析、放大，并转换为需要的输出信号的处理电路。尽管各种传感器的组成部分大体相同，但不同种类的传感器的外形都不尽相同，实训装置上使用的传感器外形如图 4-43 所示。

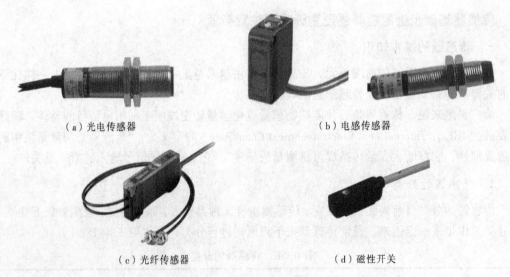

（a）光电传感器　　　　　　　　　　　　（b）电感传感器

（c）光纤传感器　　　　　　　　　　　　（d）磁性开关

图 4-43　机电一体化实训装置常用传感器的外部结构

2）传感器的图形符号

不同种类的传感器的图形符号也有某些差别，根据其结构和使用电源种类的不同有直流两线制、直流三线制、直流四线制、交流两线制和交流三线制传感器，其图形符号如表4-19所示。

表4-19　部分传感器的图形符号

| 引用标准及符号 | 图形符号 | 说明 |
|---|---|---|
| GB/T4728.7-2000<br>07-20-02 | | 接近开关动合触点 |
| GB/T4728.7-2000<br>07-20-03 | | 磁铁接近动作的接近开关，动合触点 |
| GB/T4728.7-2000<br>07-20-04 | | 铁接近动作的接近开关，动合触点 |
| GB/T4728.7-2000 | | 光电开关动合触点<br>（光纤传感器借用此符号） |

3）传感器的工作原理

（1）光电传感器：光电传感器又名光电开关，它是利用被检测物对光束的遮挡或反射原理，由同步回路选通电路，检测物体的有无。被检测物体不限于金属，所有能反射光线的物体均可被检测。光电开关将输入电流在发射器上转换为光信号射出，接收器再根据接收到的光线的强弱或有无，对目标物体进行探测。常用的光电开关可分为漫反射式、反射式、对射式和光纤式等类型。

① 漫反射式光电开关：漫反射式光电开关是一种集发射器和接收器于一体的传感器，当有物体经过时，物体将光电开关发射器发射的足够量的光线反射到接收器，于是光电开关就产生了开关信号。当被检测物体的表面光亮或其反光率极高时，漫反射式的光电开关是首选的检测装置。

② 镜反射式光电开关：镜反射式光电开关也是集发射器与接收器于一体的传感器，光电开关发射器发出的光线经过反射镜反射回接收器，当被检测物体经过且完全阻断光线时，光电开关就产生了开关信号。

③ 对射式光电开关：对射式光电开关包含了在结构上相互分离且光轴相对放置的发射器和接收器，发射器发出的光线直接进入接收器，当被检测物体经过发射器和接收器之间且阻断光线时，光电开关就产生了开关信号。当检测物体为不透明时，对射式光电开关是最可靠的检测装置。

④ 光纤式光电开关：光纤式光电开关采用光纤来引导光线，可以对距离远的被检测物体进行检测。通常光纤传感器分为对射式和漫反射式等类型。

（2）电感式接近传感器：电感式接近传感器由高频振荡、检波、放大、触发及输出电路等组成。振荡器在传感器检测面产生一个交变电磁场，当金属物料接近传感器检测面时，金属中产生的涡流吸收了振荡器的能量。使振荡减弱以至停滞。振荡器的振荡及停滞这两种状态，转换为电信号通过整形放大器转换成二进制的开关信号，经功率放大后输出。电感式接近传感器只对金属对象敏感，另外，电感式接近传感器的检测距离会因被测对象的尺寸、金属材料，甚至金属材料表面镀层的种类和厚度不同而不同，因此，使用时应查阅相关的参考手册。

（3）磁性传感器：磁性传感器又名磁性开关，是液压与气动系统中常用的传感器。它是在气缸活塞上安装永久磁环，在缸筒外壳上装有舌簧开关（干簧管）。开关内装有舌簧片、保护电路和动作指示灯等，均用树脂塑封在一个盒子内。当装有永久磁铁的活塞运动到舌簧片附近，磁力线通过舌簧片使其磁化，两个簧片被吸引接触，则开关接通；当永久磁铁返回离开时，磁场减弱，两簧片弹开，则开关断开。由于开关的接通或断开，控制电磁阀换向，从而实现气缸的往复运动。

4）传感器的使用

（1）传感器的电路连接：传感器的输出方式不同，电路连接也有一些差异。实训装置上使用的传感器有直流两线制和直流三线制两种，其中磁性传感器为直流两线制传感器，有棕色和蓝色两根连接线，棕色线接 PLC 的输入端，蓝色线接 PLC 输入的 COM 端；光电传感器、电感传感器和光纤传感器均为三线制传感器，有棕色、黑色和蓝色三根连接线，使用时棕色的接 PLC 提供的直流电源 24 V 的正极，黑色的接 PLC 的输入端，蓝色的接 PLC 输入的 COM 端。

（2）使用传感器的注意事项：

① 安装时不要把控制信号线与电力线（如电动机供电线等）平行并排在同一配线管或配线槽，以防止由于干扰造成误动作；

② 传感器不宜安装在阳光直射、高温、可能会结霜、有腐蚀性气体等的场所；

③ 接线要正确，二线制的棕色线和三线制的黑色线不能接电源，否则会造成传感器的损坏；

④ 磁性开关不要用于有磁场的场合，这会造成开关的误动作，或者使内部磁环减磁；

⑤ 光电传感器在使用中要选择好合适的切换开关和调整适合的灵敏度。

## 二、步进指令 STL、RET 及步进顺控编程方法

### 1. 步进顺控概述

企业实际生产线生产过程一般可以分为若干个阶段，可用步进顺控方法来编程，这些阶段在顺控编程中称为状态或步，状态与状态之间由转换条件分隔。当相邻两状态之间的条件满足时就实现状态转换，下一个状态开通，上一个状态就自动关断。

### 2. FX2N 系列 PLC 状态元件 S

状态元件是构成状态转移图的基本元素，是 PLC 的软元件之一。FX2N 共有 1 000 个状态元件，见表 4-20。

表 4-20  FX2N 的状态元件

| 元 件 编 号 | 个    数 | 用途及特点 |
| --- | --- | --- |
| S0~S9 | 10 | 初始化用 |
| S10~S19 | 10 | 原点回归用 |
| S20~S499 | 480 | 用作 SFC 中间状态 |
| S500~S899 | 400 | 停电保持用 |
| S900~S999 | 100 | 报警器用 |

3. 步进指令

FX2N 系列 PLC 有两条专用于编制步进顺控程序的指令：步进接点指令 STL 和步进返回指令 RET。

1）指令格式及梯形图表示方法见表 4-21

表 4-21  步进顺控指令

| 指令符号 | 功    能 | 梯形图示法 | 操作元件 |
| --- | --- | --- | --- |
| STL | 步进接点 | ─[STL  S0 ] | S |
| RET | 步进返回 | ─[RET ] | 无 |

2）使用说明

（1）步进接点须与梯形图左母线连接。步进接点接通时，它后面的电路才能动作。如果步进接点断开，则其后面的电路将全部不动作。

（2）STL 有自动将前级步进接点复位的功能，即下一步开通，上一步在状态转换成功后的第二个扫描周期自动将前级步进接点复位，因此使用 STL 指令编程时不考虑前级步的复位问题。

（3）CPU 只执行活动步对应的电路块，因此，步进梯形图允许双线圈输出，相邻两步的动作若不能同时被驱动，则需要安排相互制约的联锁环节。

（4）步进顺控的结尾必须使用 RET 指令。

4. 状态转移图（SFC）的画法

状态转移图也称为功能表图，用于描述系统的控制过程，具有结构图简单、直观的特点，是设计 PLC 顺控程序的有力工具。状态转移图中的状态有驱动动作、转移条件和转移目标 3 个要素。其中，转移条件和转移目标是必不可少的，但驱动动作则视具体情况而定，也可能没有实际的动作。如图 4-44 所示，"？"表示初始步 S0 中无驱动动作。

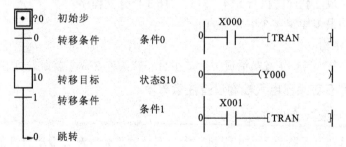

图 4-44  状态转移图

步与步之间状态转换需满足两个条件：一是前级步必须是活动步；二是对应的转换条件要成立。如图 4-44 所示，若进入初始步 S0，则 S0 为活动步，若 X0 接通，则转换条件满足，S10 步接通，S0 步自动关断，此时 S10 变为活动步，Y0 动作，若 X1 接通，则程序跳转至 S0，S10 自动关断。

这样使程序变得条理清晰，使程序的试运行、调试、故障检查与排除变得非常容易，这就是顺控设计法的优点。

**5. 画状态转移图的一般步骤**

（1）分析控制要求和工艺流程，确定状态转移图结构（复杂系统需要）。

（2）工艺流程分解为若干步，每一步表示一稳定状态。

（3）确定步与步之间转移条件及其关系。

（4）确定初始状态（可用输出或状态器）。

（5）解决循环及正常停车问题。

（6）急停信号的处理。

**6. 状态转移图常见流程状态编程介绍**

1）选择性分支结构

从多个分支流程中选择执行某一个单支流程，称为选择性分支，如图 4-45（a）所示，图中 S13 为分支状态，该状态转移图在 S13 步以后分成了 3 个分支，供选择执行。

当 S13 步被激活成为活动步后，若转换条件 1 成立就执行 S14 步；若条件 3 成立就执行 S15 步；若条件 5 成立就执行 S16 步，转换条件 1、3、5 不能同时成立。

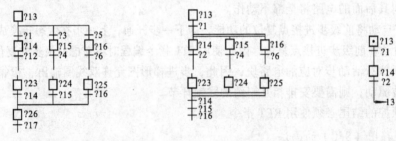

（a）选择性分支与分支汇合 SFC 图　　（b）并行分支与分支汇合 SFC 图　　（c）流程跳转 SFC 图

图 4-45　状态转移图

2）并行分支结构

并行分支结构是指同时处理多个程序流程，如图 4-45（b）所示，图中 S13 被激活成为活动步后，若条件 1 成立就同时执行 S14、S15、S16 3 个分支程序。

并行分支结构最多能实现 8 个分支的汇合。

3）流程跳转结构

图 4-45（c）中，当 S14 被激活成为活动步后，若条件 2 成立就跳转到 S13。

### 三、安装含 PLC 变频器电气控制设备注意事项

**1. PLC 布线时应注意的问题**

（1）PLC 应远离强干扰源。如电焊机、大功率硅整流装置和大型动力设备，不能与高压电器安装在同一个开关柜内。

（2）动力线、控制线以及PLC的电源线和I/O线应分开布线，并保持一定的距离。隔离变压器与PLC和I/O之间应采用双绞线。

（3）将PLC的I/O线和大功率线分开走线，如必须在同一线槽内，分开捆扎交流线、直流线，若条件允许，分槽走线最好，这不仅能使其有尽可能大的空间距离，并能将干扰降到最低限度。

（4）PLC的输入与输出最好分开走线，开关量与模拟量也要分开敷设。模拟量信号的传送应采用屏蔽线，屏蔽层应一端或两端接地，接地电阻应小于屏蔽层电阻的1/10。

（5）交流输出线和直流输出线不要用同一根电缆，输出线应尽量远离高压线和动力线，避免并行敷设。

**2. PLC变频器控制电气线路连接的安全注意事项**

（1）在进行器件安装、电气接线等操作时，请务必在切断电源后进行，以免发生事故。

（2）在进行配线时，请勿将配线屑或导电物落入可编程控制器或变频器内。

（3）请勿将异常电压接入PLC或变频器电源输入端，以免损坏PLC或变频器。

（4）请勿将AC电源接于PLC或变频器输入/输出端子上，以免烧坏PLC或变频器，同时请仔细检查接线是否有误。

（5）在变频器电源输入端（R、S、T）和输出端子（U、V、W）不要接反，以免损坏变频器。

（6）当变频器通电或正在运行时，请勿打开变频器前盖板。

（7）在插拔通信电缆时，请务必确认PLC输入电源处于断开状态。

## 知能拓展

### 光电编码器介绍

很多机电设备需要用仪器测量控制对象的转角位移来实现各种控制目的，这可用光电编码器来实现，下面从码盘式传感器入手对它作简要介绍。

1. 码盘式传感器

码盘式传感器能够将角度转换为数字编码信号，是建立在编码器的基础上的一种数字式的传感器。码盘按结构可以分为接触式、光电式和电磁式3种，后2种为非接触式测量。

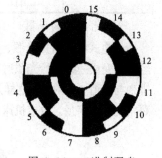

图4-46 二进制码盘

码盘采用照相腐蚀工艺，在一块圆形光学玻璃上刻上代表数码的透明和不透明的图形。如图4-46所示为一个4位二进制码盘，码盘一共有4圈，每圈叫一个码道。最里圈为C1码道，一半透光，一半不透光。最外圈为C4码道，一共分成$2^4$=16个部分，透光和不透光相间隔。每个角度方位对应于不同的编码，如O位对应于全黑，按码道C1到C4的顺序写出来就是0000，再如10位对应于1010。这正好是二进制编码，所以称此类型的码盘叫二进制码盘。显然4位二进制码盘将圆周分为16份，每份的角度为360°/16=22.5°，即它的角度分辨率为22.5°。同理，对于$n$位二进制码盘，它具有$2^n$种不同编码，可以将圆周分为$2^n$等份，每份角度为$360°/2^n$，即最小分辨力为$\theta = 360°/2^n$。显然为了提高精度，就要增加位数。

二进制码盘很简单，但实际应用中对码盘的制作要求十分严格，否则就会出错。解决这个问题的方法之一是采用循环码。

循环码与二进制码的关系是：二进制码右移一位后舍弃最低位再与原二进制码做不进位加法，所得结果为循环码。例如 1010 的循环码为 1111：

$$
\begin{array}{r}
1010 \quad \text{二进制码} \\
\oplus \quad 101\boxed{0} \text{——舍去} \\
\hline
1111
\end{array}
$$

从表 4-22 和图 4-47 可以看出循环码的几个特点：① $n$ 位循环码具有 $2^n$ 种不同编码，最小分辨率为 $360°/2^n$，与二进制码相同；②循环码为无权码；③循环码的两个相邻码之间只有一位发生变化。因而只要适当限制各码道的制作，就不会产生粗误差。正是由于这个原因，循环码得到了广泛的应用。

图 4-47　四位循环制码盘

表 4-22　四位二进制、十进制、循环码对照表

| 十进制 | 二进制 | 循环码 | 十进制 | 二进制 | 循环码 |
| --- | --- | --- | --- | --- | --- |
| 0 | 0000 | 0000 | 8 | 1000 | 1100 |
| 1 | 0001 | 0001 | 9 | 1001 | 1101 |
| 2 | 0010 | 0011 | 10 | 1010 | 1111 |
| 3 | 0011 | 0010 | 11 | 1011 | 1110 |
| 4 | 0100 | 0110 | 12 | 1100 | 1010 |
| 5 | 0101 | 0111 | 13 | 1101 | 1011 |
| 6 | 0110 | 0101 | 14 | 1110 | 1001 |
| 7 | 0111 | 0100 | 15 | 1111 | 1000 |

2. 光电式编码器

光电式编码器由光源、光学系统、码盘、光电接收元件、处理电路等组成。由光源发出的光线经透镜变成一束平行光照射在码盘上，通过透光部分的光线经狭缝照射到光电元件上，光电元件的排列与码道一一对应，这样几个光电元件输出的电信号组合就反映了角度信息，经处理电路得到被测角度的数字量。数控机床中常用光电增量编码器。图 4-48 为绝对型旋转编码器实物图。

图 4-48　绝对型旋转编码器实物图

## 思考与练习

一、**判断题**（将判断结果填入括号中。正确的填"√"，错误的填"×"）

1. PLC 梯形图程序设计时，任何情况下都不允许双线圈输出。　　　　　　　（　　　）

2. 梯形图中，每一个逻辑行（即一个梯级）必须驱动至少一个继电器线圈。　（　　　）

3. PLC 是循环扫描方式工作的，电流只能从左向右流动。　　　　　　　（　　　）

4. 梯形图中，每个梯级开始于左母线，然后是触点的连接，最后止于继电器线圈。左母线与线圈之间一定要有触点，而线圈与右母线之间不能有任何触点存在。　　（　　　）

5. 码盘式传感器能够将角度转换为数字编码信号，是建立在编码器的基础上的一种模拟式的传感器。　　　　　　　　　　　　　　　　　　　　　　　　（　　　）

6. 国际电工委员会（IEC）的定义为："传感器是测量系统中的一种前置部件，它将输入变量转换成可供测量的信号"。　　　　　　　　　　　　　　　　　　　　（　　　）

7. THJDME-1 型光机电一体化实训考核装置中用的光纤传感器是传光型光纤传感器。
　　　　　　　　　　　　　　　　　　　　　　　　　　　　　　　　　　（　　　）

8. THJDME-1 型光机电一体化实训考核装置中用的磁性传感器是霍尔传感器。（　　　）

**二、选择题**（选择一个正确的答案，将相应的字母填入题内的括号中）

1. OUT 指令是驱动线圈的指令，应放在梯形图的最右边。不可用于（　　　）的驱动。

A. 输入继电器　　　　　　　　　　　　B. 输出继电器

C. 辅助继电器　　　　　　　　　　　　D. 定时器、计数器、状态寄存器

2. 如下选项是 PLC 常用的编程语言。其中错误的是（　　　）。

A. 梯形图和指令表　　　　　　　　　　B. 逻辑功能图和高级语言

C. 真值表图　　　　　　　　　　　　　D. 状态转移图

3. THJDME-1 型光机电一体化实训考核装置中用的电感式传感器是（　　　）。

A. 自感式传感器　　B. 涡流式传感器　　C. 差动变压器　　　　D. 压磁式传感器

4. 作为（　　　）系统的前端单元，传感器的作用越来越重要。

A. 自动控制系统　　B. 检测　　　　　　C. 非电量电测系统　　D. 信息采集

**三、思考题**

1. 在 PLC 控制中，停止按钮和热继电器在外部使用常开触点或常闭触点时，PLC 控制程序相同吗？实际使用时应采用哪一种？为什么？

2. 某机床用两台电动机 M1 和 M2。要求 M1 启动后 M2 才能启动，任一台电动机过载两台电动机均停止，按下停止按钮时两台电动机同时停止。画出主电路，设计 PLC 程序并进行调试。

3. 试述 PLC 梯形图的编程规则。

4. 试述可编程控制器 PLC 运行的工作原理。

5. 简述状态转移图的概念。

6. PLC 布线时应注意的问题。

7. 试述 THJDME-1 型光机电一体化实训考核装置上使用的直流两线制和三线制两种传感器的接线方法，并绘示意图说明。

8. 解释电感式传感器原理。

9. 查阅参考资料，说明光电效应概念及其应用，光纤传感器的种类。

10. 用 PLC 控制 THJDME-1 型光机电一体化实训考核装置井式上料机构。

# 项目 5

## 用可编程序控制器 PLC 控制搬运机械手

### 情景导入

随着工业自动化水平的不断提高，工业机器人已日益广泛地应用于生产领域，如汽车制造生产线的焊接机器人，其中智能化的机械手是高科技的集中体现。很多智能机械手可以以 6 个自由度灵活控制，完成复杂的技术动作和工艺过程，可替代多位能工巧匠连续工作才能完成的复杂任务，极大地提高了生产效率，生产的优质产品满足了人们日益增长的物质需求。

机电一体化实训的搬运机械手，控制相对简单，由步进电动机控制机械手旋转定位，气动执行元件控制手爪夹紧和升降，完成工件抓取并移动，可作为职业院校学生学习自动化技术的入门知识。此类以开关量控制为主的气动机械手，由于成本较低，可在控制精度要求不高的自动生产线上使用，性价比较高。

### 项目目标

- 掌握通用步进驱动器 3ND583 的使用方法；
- 学会编制 THJDME-1 型光机电一体化实训考核装置机械手的 PLC 控制程序；
- 了解伺服电动机和伺服驱动器基本知识。

## 任务　安装调试 PLC 控制步进电动机定位的搬运机械手

步进电动机有较好的定位功能，用其驱动气动机械手手臂摆动，能较准确地抓取工件，满足普通的开环控制物料传送生产线控制精度的需求。

### 学习目标

- 掌握实训装置机械手的电气线路安装，机械、气路安装调整工作；
- 掌握步进电动机驱动定位气动机械手的 PLC 控制程序设计。

### 任务描述

用实训装置机械手模拟完成某工厂自动生产线机械手搬运任务。

## 任务分析

某工厂自动生产线有机械手搬运单元，要求其自动完成工件从存放料并取料并送达到传送带输送装置的任务。

### 1. 任务要求

1）设备启动前的状态

设备在运行前应检查各部件是否在初始位置，是否能按要求运行。

初始位置要求：气动机械手手臂处于缩回位，前臂处于上升位，气动手爪处于放松状态，机械手处于转动基准位。

设备加电后，若设备处于原位，则警示红灯长亮；若设备不在原位，则警示红灯以亮 1 s 灭 2 s 的方式闪烁。设备不能启动，此时须按复位按钮，机械手执行复位，机械手回到原位后，警示红灯长亮，设备方可启动。

2）机械手搬运工作流程

设备启动，当存放料台检测光电传感器检测料台有工件后，机械手手臂前伸，手臂伸出限位传感器检测手臂前伸到位后，延时 0.5 s 手爪气缸下降，手爪下降限位传感器检测手爪下降到位后，延时 0.5 s 气动手爪抓取物料，手爪夹紧限位传感器检测手爪夹紧到位后，发出已夹紧信号，延时 0.5 s 手爪气缸上升；手爪提升限位传感器检测位后，发出信号，手臂气缸缩回，手臂缩回限位传感器检测到位后，手臂向右旋转，手臂旋转完成一定角度后，手臂前伸，手臂伸出限位传感器检测到位后，手爪气缸下降，手爪下降限位传感器检测到位后，延时 0.5 s 气动手爪放开物料，手爪气缸上升，手爪提升限位传感器检测到位后，手臂气缸缩回，手臂缩回限位传感器检测到位后，手臂向左旋转，等待下一个物料到位，重复上面的动作。

3）停止工作

按下"停止"按钮，等机械手搬运完手爪上的工件后，设备回到原位后停止工作，警示绿灯熄灭，警示红灯长亮。

4）设备无料报警

设备启动后，若存放料台检测光电传感器 5 s 后仍未检测到工件，则黄色警示灯以 1 Hz 频率闪烁，提示尽快下料，物料到达后，红色警示灯熄灭。

### 2. 任务内容

根据生产设备的工作要求在实训装置上完成下列工作任务

（1）按搬运机械手机构安装图（见图 1-7）组装机械手，并满足图纸提出的技术要求。

（2）按机械手气动原理图（见图 5-1）连接机械手的气路，并满足图纸提出的技术要求。

（3）根据表 5-1 所示的 PLC 输入/输出端子（I/O）分配表和气动机械手电气原理图（如图 5-2 所示）连接电路并在作业纸上重新绘制。

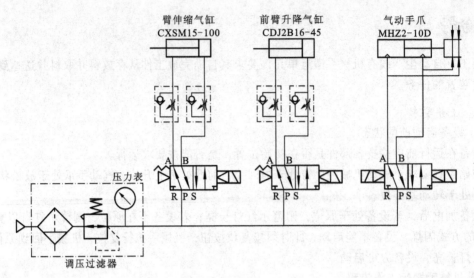

图 5-1　机械手气动原理图

（4）正确理解任务要求，编写实训装置机械手的 PLC 控制程序和完成步进驱动器的电流、步/圈细分设定。

**注意**：在使用计算机编写程序时，请随时保存已编好的程序，保存的文件名为工位号+A（如 3 号工位文件名为"3A"）。

（5）调整传感器的位置和灵敏度，调整机械部件的位置，完成实训装置机械手的调试。

表 5-1　三菱 I/O 地址分配及功能说明

| 序号 | PLC 地址 | 名称及功能说明 | 序号 | PLC 地址 | 名称及功能说明 |
|---|---|---|---|---|---|
| 1 | X0 | 启动按钮 | 1 | Y0 | 步进电动机驱动器 PUL- |
| 2 | X1 | 停止按钮 | 2 | Y1 | 步进电动机驱动器 DIR- |
| 3 | X2 | 复位按钮 | 3 | Y2 | 步进电动机驱动器 ENA- |
| 4 | X4 | 物料推出检测光电传感器 | 4 | Y4 | 手臂伸出 |
| 5 | X7 | 手臂伸出限位传感器 | 5 | Y5 | 气爪下降 |
| 6 | X10 | 手臂缩回限位传感器 | 6 | Y6 | 手爪夹紧 |
| 7 | X11 | 手爪下降限位传感器 | 7 | Y7 | 手爪松开 |
| 8 | X12 | 手爪提升限位传感器 | 8 | Y12 | 警示红灯 |
| 9 | X13 | 手爪夹紧限位传感器 | 9 | Y13 | 警示绿灯 |
| 10 | X14 | 机械手基准传感器 | 10 | Y14 | 警示黄灯 |

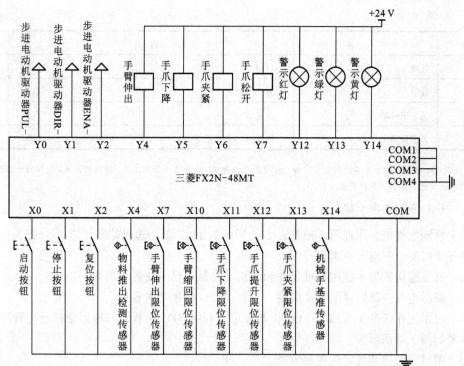

图 5-2 气动机械手电气原理图

## 任务实施

### 1. 实训器材

实训器材（见表 5-2）。

表 5-2 实训器材一览表

| 序号 | 名　称 | 规　格 | 数量 | 备注 |
|---|---|---|---|---|
| 1 | 单相交流电源 | ～220 V、10 A | 1 处 | |
| 2 | 三相四线交流电源 | ～3×380／220 V、20 A | 1 处 | |
| 3 | 光机电一体化实训装置 | 天煌 THJDME-1 型光机电一体化实训装置 | 1 台 | |
| 4 | 机械设备安装工具 | 活动扳手，内、外六角扳手，钢直尺、高度尺，水平尺，角度尺等 | 1 套 | |
| 5 | 电工工具 | 电工常用工具 | 1 套 | |
| 6 | 编程计算机及编程软件 | 主流计算机，安装三菱 GX Developer 编程软件 | 1 套 | |
| 7 | 静音气泵 | 自定 | 1 台 | |
| 8 | 绝缘冷压端子 | 一字形 | 1 包 | |
| 9 | 导线 | 0.75 mm² | 若干 | |
| 10 | 万用表 | 自定 | 1 只 | |
| 11 | 异形管 | 1 mm² | 1 m | |

| 序号 | 名　称 | 规　　格 | 数量 | 备注 |
|---|---|---|---|---|
| 12 | 扎线 | 自定 | 若干 | |
| 13 | 气管 | φ3、φ5 | 若干 | |
| 14 | 黑色记号笔 | 自定 | 1支 | |
| 15 | 劳保用品 | 绝缘鞋、工作服等 | 1套 | |

**注**：光机电一体化实训装置由两名同学组成一组分工协作完成，表5-2中所列工具、材料和设备，仅针对一组选手而言，实训时应根据学生人数确定具体数量。

2．项目任务操作步骤

（1）绘制电气控制原理图。根据表5-1所示的PLC输入/输出端子（I/O）分配表，参见项目4任务2内容绘制电气控制原理图。

（2）安装搬运机械手机构机械部件和气路（参见项目4任务2内容）。

（3）根据电气控制原理图安装电路（参见项目4任务2内容）。

（4）根据工作任务要求编写PLC控制程序（利用SFC编程，其梯形图初始化程序和SFC框图参考如图5-3所示）。

（5）调试设备达到规定的控制要求。

3．项目训练任务的组织

（1）根据授课班级人数完成学生实训教学分组。

（2）强调机电设备安装调试实训安全注意事项及6S管理内容。

（3）在光机电一体化实训考核装置上完成本项目机械部件、气动元件、电气线路安装调试任务。

（4）完成搬运机械手机构的PLC控制程序设计，步进驱动器电流、步/圈细分设定，并根据任务要求完成功能调试。

（5）完成一个实训工时单位前整理实训工位或工作台，使之有序整洁。

4．项目训练准备注意事项

（1）实训场地应干净整洁，无环境干扰。

（2）实训场地内应设有三相电源并装有触电保护器。

（3）实训前由实训室管理人员检查各工位应准备的器材、工具是否齐全，所贴工位号是否有遗漏。

5．参考程序

参考程序（见图5-3）。

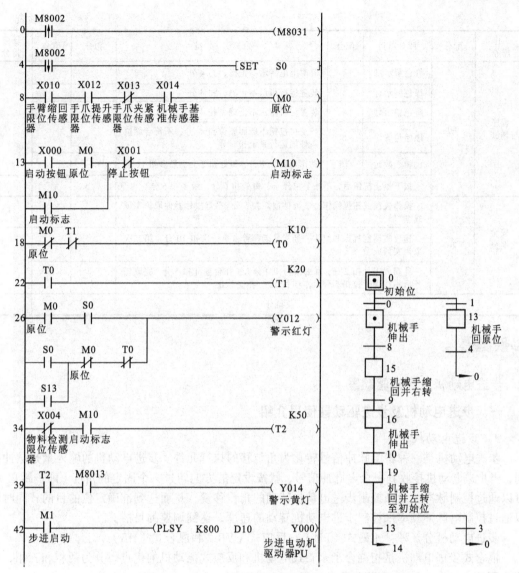

图 5-3　利用 SFC 编程，梯形图初始化程序和 SFC 框图参考图

## 6. 评分标准

评分标准（见表 5-3）。

### 表 5-3　评　分　表

| 工作任务 | 配分 | 评分项目 | 配分 | 扣 分 标 准 | 扣分 | 得分 | 任务得分 |
|---|---|---|---|---|---|---|---|
| 设备组装及电路、气路 | 40 | 机械安装部件调整 | 10 | 各传感器位置不符合工作要求、松动等，每处扣 2 分，最多扣 10 分 | | | |
| | | 电路连接及工艺 | 10 | 电路接线错误，每处扣 2 分，最多扣 10 分 | | | |
| | | | 10 | 接线端子导线超过 2 根、导线露铜过长、布线零乱，每处扣 1 分，最多扣 10 分 | | | |
| | | 气路连接 | 10 | 漏气、调试时掉管，每处扣 0.5 分，气管过长、影响美观或安全，每处扣 1 分，最多扣 10 分 | | | |

| 工作任务 | 配分 | 评分项目 | 配分 | 扣 分 标 准 | 扣分 | 得分 | 任务得分 |
|---|---|---|---|---|---|---|---|
| 程序与调试 | 40 | 红色警示灯 | 4 | 电源上电指示不正确，扣4分 | | | |
| | | 绿色警示灯 | 4 | 装置运行指示不正确，扣4分 | | | |
| | | 黄色警示灯 | 4 | 装置待料指示不正确，扣4分 | | | |
| | | 原始位置 | 6 | 按复位按钮不能回原位扣6分；不符合原位条件能运行系统扣3分 | | | |
| | | 机械手搬运 | 16 | 动作与要求不符，每处扣2分，最多扣16分 | | | |
| | | 按下停止按钮后，不按要求停止，每处扣6分，最多扣6分 | | | | | |
| 安全文明操作 | 20 | 操作失误或违规操作造成器件损坏扣5分。恶意损坏器件取消实训成绩 | | | | | |
| | | 违反实训室规定和纪律，经指导老师警告第一次扣10分，第二次取消实训成绩 | | | | | |
| | | 乱摆放工具扣2分；乱丢杂物扣2分；工作台凌乱扣5分；完成任务后不清理工位扣5分，本项目10分扣完为止 | | | | | |
| | | 总得分 | | | | | |

## 知识链接

### 步进电动机及步进驱动器

#### 一、步进电动机及步进驱动器使用介绍

**1. 步进电动机**

步进电动机是一种将电脉冲信号转化为角位移的执行元件。步进电动机的输入量是脉冲序列，当步进电动机接收到一个电脉冲信号，就按设定的方向转过一个固定的角度（即步距角）。可以通过控制脉冲数量来控制步进电动机转动的角位移量，从而达到准确定位的目的；同时可以通过控制电脉冲频率来控制步进电动机转动的速度，达到调速的目的。

步进电动机分3种：永磁式（PM）、反应式（VR）和混合式（HB）。

混合式步进电动机是指混合了永磁式电动机和反应式电动机的优点。分为两相和五相，两相步距角一般为1.8°，五相步距角一般为0.72°。

**2. 步进电动机的功率驱动电路**

步进电动机的驱动电路实际上是一种脉冲放大电路，使脉冲具有一定的功率驱动能力。由于功率放大器的输出直接驱动电动机绕组，因此，功率放大电路的性能对步进电动机的运行性能影响很大。对驱动电路要求的核心问题是如何提高步进电动机的快速性和平稳性。

1）3ND583低噪声细分步进驱动器

3ND583是雷赛公司最新推出的一款采用精密电流控制技术设计的高细分三相步进驱动器，如图5-4所示。适合驱动57~86机座号的各种品牌的三相步进电动机，

图5-4　3ND583低噪声细分步进驱动器外形图

由于采用了先进的纯正弦电流控制技术，电动机噪声和运行平稳性明显改善。和市场上的大多数其他细分驱动产品相比，3ND583 驱动器与配套电动机的发热量降幅达 15%~30%以上。而且 3ND583 驱动器与配套三相步进电动机能提高位置控制精度，因此特别适合于低噪声、低电动机发热与高平稳性的高要求场合。

（1）特点：

① 高性能、低价格、超低噪声；

② 电动机和驱动器发热很低；

③ 供电电压可达 50 V DC；

④ 输出电流峰值可达 8.3 A（均值 5.9 A）；

⑤ 输入信号 TTL 兼容；

⑥ 静止时电流自动减半；

⑦ 可驱动 3、6 线三相步进电动机；

⑧ 光隔离差分信号输入；

⑨ 脉冲响应频率最高可达 400 kHz（更高可选）；

⑩ 多达 8 种细分可选；

⑪ 具有过压、欠压、短路等保护功能；

⑫ 脉冲/方向或 CW/CCW 双脉冲功能可选。

（2）应用领域。适合各种中小型自动化设备和仪器。例如，雕刻机、打标机、切割机、激光照排、绘图仪、数控机床、自动装配设备等。

（3）电气指标（见表 5-4）。

表 5-4 电气指标

| 说　明 | 最　小　值 | 典　型　值 | 最　大　值 | 单　位 |
|---|---|---|---|---|
| 输出电流 | 2.1 | — | 8.3（均值 5.9） | A |
| 输入电源电压（直流） | 18 | 36 | 50 | V |
| 控制信号输入电流 | 7 | | 16 | mA |
| 步进脉冲频率 | 0 | | 400 | kHz |
| 脉冲低电平时间 | 1.2 | | | μs |
| 绝缘电阻 | 500 | | | MΩ |

（4）驱动器接口和接线介绍。P1 端口控制信号接口描述见表 5-5。

表 5-5 P1 端口控制信号描述

| 名　称 | 功　　能 |
|---|---|
| PUL+（+5 V）<br>PUL-（PUL） | 脉冲控制信号：脉冲上升沿有效；PUL-高电平时 4~5 V，低电平时 0~0.5 V。为了可靠响应脉冲信号，脉冲宽度应大于 1.2 μs。如采用+12 V 或 24 V 时须串联电阻 |
| DIR+（+5 V）<br>DIR-（DIR） | 方向信号：高/低电平信号，为保证电动机可靠换向，方向信号应先于脉冲信号至少 5 μs 建立。电动机的初始运行方向与电动机的接线有关，互换三相绕组 U、V、W 的任何两根线可以改变电动机初始运行的方向，DIR-高电平时 4~5 V，低电平时 0~0.5 V |
| ENA+（+5 V）<br>ENA-（ENA） | 使能信号：此输入信号用于使能或禁止。ENA+接+5 V，ENA-接低电平（或内部光耦导通）时，驱动器将切断电动机各相的电流使电动机处于自由状态，此时步进脉冲不被响应。当不需要用此功能时，使能信号端悬空即可 |

P2 端口强电接口描述见表 5-6。

表 5-6　P2 端口强电接口描述

| 名　　称 | 功　　能 |
|---|---|
| GND | 直流电源地 |
| +V | 直流电源正极，+18 ～ +50 V 间任何值均可，但推荐+36 V 左右 |
| U | 三相电动机 U 相 |
| V | 三相电动机 V 相 |
| W | 三相电动机 W 相 |

输入接口电路：3ND583 驱动器采用差分式接口电路，可适用差分信号，单端共阴极和单端共阳极等接口，内置高速光电耦合器，允许接收长线驱动器，集电极开路和 PNP 输出电路的信号。在环境恶劣的场合，推荐用长线驱动器电路，抗干扰能力强。现在以集电极开路和 PNP 输出为例，接口电路示意图如图 5-5 所示。

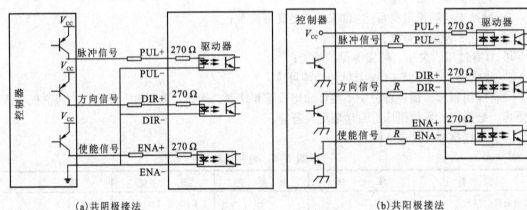

(a)共阴极接法　　　　　　　　　　　　　　　(b)共阳极接法

图 5-5　3ND583 驱动器接口电路

注意：$V_{cc}$ 为 5 V 时，$R$ 短接；$V_{CC}$ 为 12 V 时，$R$ 为 1 kΩ，大于 0.125 W 的电阻；$V_{cc}$ 为 24 V 时，$R$ 为 2 kΩ，大于 0.125W 的电阻；$R$ 必须接在控制器的信号端。

接线示意图如图 5-6 所示，具体要求如下：

① 为防止驱动器受干扰，建议控制信号采用屏蔽电缆线，并且屏蔽层与地短接，除特殊要求外，控制信号电缆的屏蔽线单端接地：屏蔽线的上位机一端接地，屏蔽线的驱动器一端悬空。同一机器内只允许在同一点接地，如果不是真实接地线，可能干扰严重，此时屏蔽层不接；

② 脉冲和方向信号线与电动机线不允许并排包扎在一起，最好分开至少 10 cm 以上，否则电动机噪声容易干扰脉冲方向信号引起电动机定位不准，系统不稳定等故障；

③ 如果一个电源供多台驱动器，应在电源处采取并联连接方式，不允许先到一台再到另一台链状式连接方式；

④ 严禁带电拔插驱动器强电 P2 端子，带电的电动机停止时仍有大电流流过线圈，拔插 P2 端子将导致巨大的瞬间感生电动势产生，将烧坏驱动器；

⑤ 严禁将导线头加锡后接入接线端子，否则可能因接触电阻变大而过热损坏端子；

⑥ 接线线头不能裸露在端子外，以防短路而损坏驱动器。

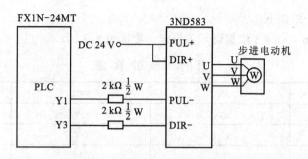

图 5-6 3ND583 驱动器接线示意图

（5）电流、细分拨码开关设定。3ND583 驱动器采用 8 位拨码开关设定细分精度、动态电流和半流/全流。详细描述如图 5-7 所示。

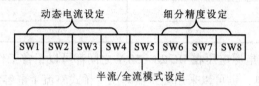

图 5-7 3ND583 驱动器电流、细分拨码开关设定

电流设定内容介绍如下。

① 工作（动态）电流设定：用 4 位拨码开关一共可设定 16 个电流级别，参见表 5-7。

表 5-7 4 位拨码开关电流级别

| 输出峰值电流/A | 输出有效值电流/A | SW1 | SW2 | SW3 | SW4 |
|---|---|---|---|---|---|
| 2.1 | 1.5 | OFF | OFF | OFF | OFF |
| 2.5 | 1.8 | ON | OFF | OFF | OFF |
| 2.9 | 2.1 | OFF | ON | OFF | OFF |
| 3.2 | 2.3 | ON | ON | OFF | OFF |
| 3.6 | 2.6 | OFF | OFF | ON | OFF |
| 4.0 | 2.9 | ON | OFF | ON | OFF |
| 4.5 | 3.2 | OFF | ON | ON | OFF |
| 4.9 | 3.5 | ON | ON | ON | OFF |
| 5.3 | 3.8 | OFF | OFF | OFF | ON |
| 5.7 | 4.1 | ON | OFF | OFF | ON |
| 6.2 | 4.4 | OFF | ON | OFF | ON |
| 6.4 | 4.6 | ON | ON | OFF | ON |
| 6.9 | 4.9 | OFF | OFF | ON | ON |
| 7.3 | 5.2 | ON | OFF | ON | ON |
| 7.7 | 5.5 | OFF | ON | ON | ON |
| 8.3 | 5.9 | ON | ON | ON | ON |

② 静止（静态）电流设定：静态电流可用 SW5 拨码开关设定，OFF 表示静态电流设定为动态电流的一半，ON 表示静态电流与动态电流相同。如果点击停止时不需要很大的保持力矩，建议把 SW5 设成 OFF，使得电动机和驱动器的发热减少，可靠性提高。脉冲串停止后约 0.4 s 电流自动减至一半左右（实际值的 60%），发热量理论上减至 36%。

细分设定内容介绍如下：

细分精度由 SW6～SW8 3 位拨码开关设定，参见表 5-8。

表 5-8 细分精度

| 步/转 | SW6 | SW7 | SW8 |
|---|---|---|---|
| 200 | ON | ON | ON |
| 400 | OFF | ON | ON |
| 500 | ON | OFF | ON |
| 1 000 | OFF | OFF | ON |
| 2 000 | ON | ON | OFF |
| 4 000 | OFF | ON | OFF |
| 5 000 | ON | OFF | OFF |
| 10 000 | OFF | OFF | OFF |

（6）供电电源选择。电源电压在 DC 20～50 V 之间都可以正常工作，3ND583 驱动器最好采用非稳压型直流电源供电，也可以采用变压器降压＋桥式整流＋电容滤波，电容可取 6 800 μF 或 10 000 μF。但注意应使整流后电压纹波峰值不超过 50 V。建议使用 24～45 V 直流供电，避免电网波动超过驱动器电压工作范围。如果使用稳压型开关电源供电，应注意电源的输出电流范围应设成最大。注意事项如下：

① 接线时要注意电源正负极切勿接反；

② 最好用非稳压型电源；

③ 采用非稳压电源时，电源电流输出能力应大于驱动器设定电流的 60%；

④ 采用稳压开关电源时，电源的输出电流应大于或等于驱动器的工作电流；

⑤ 为降低成本，两三个驱动器可共用一个电源，但应保证电源功率足够大。

（7）电动机选配。3ND583 可以用来驱动 3、6 线的三相混合式步进电动机，步距角为 1.2° 和 0.6° 的均可适用。选择电动机时主要由电动机的扭矩和额定电流决定。扭矩大小主要由电动机尺寸决定。尺寸大的电动机扭矩较大；而电流大小主要与电感有关，小电感电动机高速性能好，但电流较大。

（8）保护功能：

① 欠压保护：当直流电源电压低于+18 V 时，驱动器绿灯灭、红灯闪烁，进入欠压保护状态。若输入电压继续下降至+16 V 时，红、绿灯均会熄灭。当输入电压回升至+20 V，驱动器会自动复位，进入正常工作状态。

② 过压保护：当直流电源电压超过+51 V DC 时，保护电路动作，电源指示灯变红，保护功能启动。

③ 过电流和短路保护：电动机接线线圈绕组短路或电动机自身损坏时，保护电路动作，电源指示灯变红，保护功能启动。当过压、过流、短路保护功能启动时，电动机轴失去自锁力，电源指示灯变红。若要恢复正常工作，须确认以上故障消除，然后重新加电，电源指示灯变绿，电动机轴被锁紧，驱动器恢复正常。

（9）常见问题和处理方法见表 5-9。

表 5-9　常见问题和处理方法

| 现　象 | 可能问题 | 解决措施 |
|---|---|---|
| 电动机不转 | 电源灯不亮 | 检查供电电路，正常供电 |
| | 电动机轴有锁紧力 | 脉冲信号弱，信号电流加大为 7 ~ 16 mA |
| | 细分太小 | 选对细分 |
| | 电流设定是否太小 | 选对电流 |
| | 驱动器已保护 | 重新加电 |
| | 使能信号为低 | 此信号拉高或不接 |
| | 对控制信号不反应 | 未上电 |
| 电动机转向错误 | 电动机线接错 | 互换三相绕组 U、V、W 的任何两根线，可以改变电动机初始运行方向 |
| | 电动机线有断路 | 检查并接对 |
| 报警指示灯亮 | 电动机线接错 | 检查接线 |
| | 电压过高或过低 | 检查电源 |
| | 电动机或驱动器损坏 | 更换电动机或驱动器 |
| 位置不准 | 信号受干扰 | 排除干扰 |
| | 屏蔽地未接或未接好 | 可靠接地 |
| | 电动机线有断路 | 检查并接好 |
| | 细分错误 | 设对细分 |
| | 电流偏小 | 加大电流 |
| 电动机加速时堵转 | 加速时间太短 | 设定更长的加速时间 |
| | 电动机力矩太小 | 选更大力矩的电动机 |
| | 电压偏低或电流太小 | 适当提高电压或电流 |

2）3MD560 三相步进驱动器介绍

（1）特性：

① 纯正弦电流控制，驱动电流可达 6.0 A；

② 直流供电电压 18 ~ 50 V；

③ 光电隔离信号输入/输出；

④ 有过压、欠压、过流、相间短路、过热保护功能；

⑤ 八挡细分和自动半流功能；

⑥ 十六挡输出相电流设置；

⑦ 具有相位记忆功能（电动机停止 5 s 后再断电，可保持电动机上下电位置不变）；

⑧ 高启动转速；

⑨ 具有脱机命令输入端子；

⑩ 电动机的扭矩与它的转速有关，而与电动机每转的步数无关。

（2）概述。3MD560 细分型三相混合式步进电动机驱动器，采用直流 18 ~ 50 V 供电，适合驱动相电流小于 6 A、外径 42 ~ 86 mm 三相混合式步进电动机。此驱动器采用交流伺服驱动器的电流环进行细分控制，电动机的转矩波动很小，低速运行平稳，几乎没有振动和噪声。高速时力矩也远远大于二相混合式步进电动机，定位精度高。

（3）电流、细分设定见表 5-10 和表 5-11。

表 5-10　电　流　设　定

| 电流值/A | SW1 | SW2 | SW3 | SW4 |
|---|---|---|---|---|
| 1.5 | OFF | OFF | OFF | OFF |
| 1.8 | ON | OFF | OFF | OFF |
| 2.1 | OFF | ON | OFF | OFF |
| 2.3 | ON | ON | OFF | OFF |
| 2.6 | OFF | OFF | ON | OFF |
| 2.9 | ON | OFF | ON | OFF |
| 3.2 | OFF | ON | ON | OFF |
| 3.5 | ON | ON | ON | OFF |
| 3.8 | OFF | OFF | OFF | ON |
| 4.1 | ON | OFF | OFF | ON |
| 4.4 | OFF | ON | OFF | ON |
| 4.6 | ON | ON | OFF | ON |
| 4.9 | OFF | OFF | ON | ON |

表 5-11　细　分　表

| 步数/圈 | SW6 | SW7 | SW8 |
|---|---|---|---|
| 200 | ON | ON | ON |
| 400 | OFF | ON | ON |
| 500 | ON | OFF | ON |
| 1 000 | OFF | OFF | ON |
| 2 000 | ON | ON | OFF |
| 4 000 | OFF | ON | OFF |
| 5 000 | ON | OFF | OFF |
| 10 000 | OFF | OFF | OFF |

## 二、FX2N 可编程序控制器的基本应用指令介绍

应用指令分为程序流程控制、传送与比较、数据处理等功能，下面对常用应用指令作一简单介绍。

### 1. 传送与比较指令

（1）MOV 指令见表 5-12，应用举例如图 5-8 所示。

表 5-12　MOV 指令

| 功能编号 | 助记符 | 功能 | 操作软元件 | | D 连续执行 | P 脉冲执行 |
|---|---|---|---|---|---|---|
| | | | S | D | | |
| 12 | MOV | 将源操作元件的数据传送到指定的目标操作元件 | K、H、KnX、KnY、KnM、KnS、T、C、D、V、Z | KnY、KnM、KnS、T、C、D、V、Z | 0 | 0 |

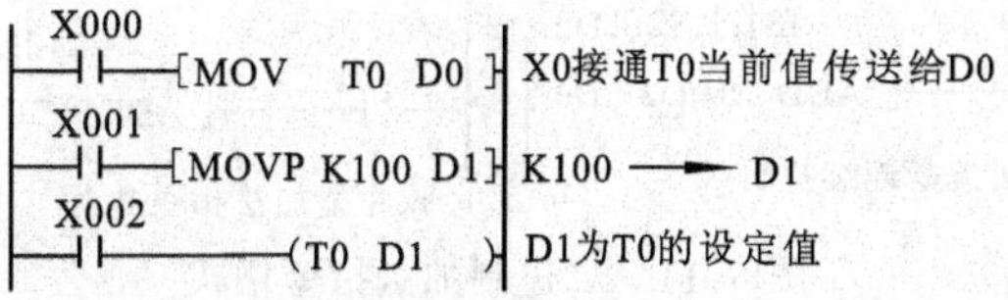

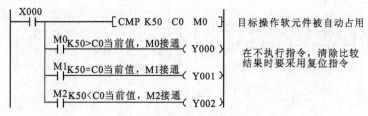

图 5-8 MOV 指令应用举例

（2）比较指令 CMP（FNC10）、区间比较指令 ZCP（FNC11）见表 5-13，应用举例如图 5-9、图 5-10 所示。

表 5-13　比较指令和区间比较指令

| 功能编号 | 助记符 | 功能 | 操作软元件 | | | |
|---|---|---|---|---|---|---|
| | | | S1 | S2 | S | D |
| 10 | CMP | 将源操作软元件 S1 与 S2 的内容比较 | K、H、KnX、KnY、KnM、KnS、T、C、D、V、Z | | | Y、M、S |
| 11 | ZCP | S 与 S1、S2 区间比较 | | | | |

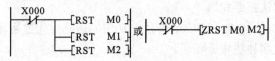

图 5-9　CMP 比较指令应用举例

图 5-10　CMP 比较指令比较结果清除

**2. 四则运算指令**

四则运算指令见表 5-14。

表 5-14　四则运算指令

| 功能编号 | 助记符 | 指令名称及功能 | D | P |
|---|---|---|---|---|
| 20 | ADD | 二进制加法指令 | 0 | 0 |
| 21 | SUB | 二进制减法指令 | 0 | 0 |
| 22 | MUL | 二进制乘法指令 | 0 | 0 |
| 23 | DIV | 二进制除法指令 | 0 | 0 |
| 24 | INC | 加 1 指令 | 0 | 0 |
| 25 | DEC | 减 1 指令 | 0 | 0 |

（1）二进制加法指令。功能：加法指令时将指定的源操作软元件[S1]、[S2]中二进制数相加，结果送到指定的目标操作软元件[D]中。

格式如图 5-11 所示。

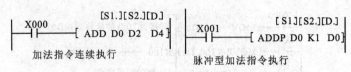

图 5-11　二进制加法指令格式

指令说明：

① 操作软元件：[S] K、H、KnX、KnY、KnM、KnS、T、C、D、V、Z

[D] KnY、KnM、KnS、T、C、D、V、Z

② 当执行条件满足时，[S1]+[S2]的结果存入[D]中，运算为代数运算。

③ 加法指令操作时影响 3 个常用标志，即 M8020 零标志、M8021 借位标志、M8022 进位标志。运算结果为零则 M8020 置"1"，超过 32767 进位标志 M8022 置"1"，小于–32767 则借位标志 M8021 置"1"。（以上都为 16 位二进制数。）

（2）减法指令。功能：减法指令是将指定的操作软元件[S1]、[S2]中的二进制数相减，结果送到指定的目标操作软元件[D]中。

格式如图 5-12 所示。

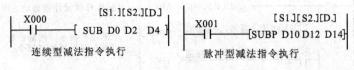

图 5-12　二进制减法指令格式

指令说明：

① 操作软元件和加法指令相同。

② 当执行条件满足时，(S1)–(S2)的结果存入(D)中，运算为代数运算。

③ 各种标志的变化和加法指令相同。

（3）乘法指令。功能：乘法指令是将指定的源操作软元件[S1]、[S2]的二进制数相乘，结果送到指定的目标操作软元件[D]中。

格式如图 5-13 所示。

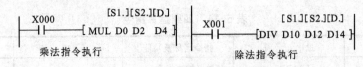

图 5-13　二进制乘法、除法指令格式

指令说明：

① 操作软元件同加法减法指令相同。

② 当条件满足时，[S1] 乘[S2]的结果存入[D]中，如图 5-13 所示，当条件满足时，即[D0]乘[D2]结果存入[D5] [D4]中。

③ 最高位为符号位，0 正 1 负。

（4）除法指令。功能：除法指令是将源操作软元件[S1]、[S2]中的二进制数相除，[S1]为被除数，[S2]为除数，商送到指定的目标操作软元件[D]中。

指令说明：

① 格式如图 5-13 所示。

② 操作软元件同加法减法指令。

（5）加 1 指令/减 1 指令。功能：目标操作软元件[D]中的结果加 1/目标操作软元件[D]中的结果减 1。

格式如图 5-14 所示。

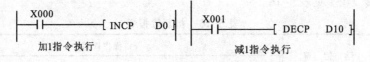

图 5-14　加 1 指令/减 1 指令格式

指令说明：

① 若用连续指令，当条件成立时，每个扫描周期都执行一次，编程时须注意。

② 脉冲执行型指令只在脉冲信号输入时执行一次。

3. 移位指令

移位指令见表 5-15。

表 5-15　移 位 指 令

| 功能编号 | 助记符 | 指令名称及功能 | 操作软元件 | | | |
|---|---|---|---|---|---|---|
| | | | [S.] | [D.] | n1 | n2 |
| 34 | SFTR(p) | 位右移 | X、Y、M、S | Y、M、S | K、Hn2<=n1<=1024 | |
| 35 | SFTL(p) | 位左移 | | | | |

移位指令。功能：以上两条指令是使位软元件中的状态依次向右/向左移位，n1 指定位软元件长度，n2 指定移位的位数。

格式如图 5-15 所示。

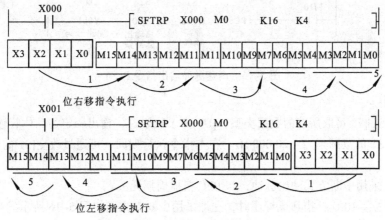

图 5-15　移位指令格式

指令说明：

SFTR 指令说明：如果 X000 断开，则不执行这条 SFTR 指令，源、目的位中的数据均保持不变。如果 X000 接通，则将执行组件的右移操作，即源中的 4 位数据 X003~X000 将被传送到目的位组件中的 M15~M12。目的位组件的 16 位数据 M15~M0 将右移 4 位，M3~M0 等 4 位数据从目的低位端移出，所以 M3~M0 中原来的数据将丢失，但源中 X003~X000 的数据保持不变。位左移指令 SFTL 数据处理过程与右移指令类似。

4. 批复位指令

批复位指令 ZRST 见表 5-16。

表 5-16　批复位指令

| 功能编号 | 助记符 | 操作软元件 | |
|---|---|---|---|
| | | [D1.] | [D2.] |
| 40 | ZRST | Y、M、S、T、C、D（D1〈=D2） | |

批复位指令。功能：区间批复位。指区间 D1 和 D2 之间的目的软元件整体同时复位。
指令说明：
指条件成立。将指定范围内的同类元件成批复位，即目的元件请零

5. 控制步进电动机运行所用的高速处理指令

步进电动机所需的脉冲，一般可通过可编程序控制器 PLC 产生，常用的指令一般有以下两种，见表 5-17。

表 5-17　脉冲输出指令

| 功能编号 | 助记符 | 指令名称及功能 |
|---|---|---|
| FNC 57 | PLSY | 脉冲输出 |
| FNC 59 | PLSR | 带加减速脉冲输出 |

（1）高速脉冲输出指令 PLSY。功能：是以指定的频率产生定量脉冲的指令。
格式如图 5-16 所示。

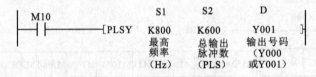

图 5-16　高速脉冲输出指令 PLSY

指令说明：
① 其中[S1][S2]可取所有的数据类型，[D] 为 Y0 或 Y1，输出一定为晶体管输出。
② 其中[S1]的范围是 2~20 000 Hz。在本指令执行期间，可通过改变[S1]的值改变输出脉冲的频率。
③ PLSY 采用中断方式输出脉冲，与 PLC 扫描周期无关。
当条件成立，CPU 扫描到该程序时，立即采用中断方式，如图 5-16 所示。当 M10 由 OFF 到 ON 时，从 PLC 的 Y001 高速输出端输出频率为 800 Hz 的脉冲 600 个。当[S2]为零时，则对输出的脉冲数不作限制。

（2）带加减速脉冲输出指令 PLSR。功能：与高速脉冲输出指令 PLSY 类同。

格式如图 5-17 所示。

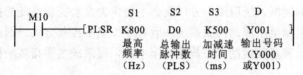

图 5-17 带加减速脉冲输出指令 PLSR

指令说明：

该指令的含义为：当 M10 由 OFF 到 ON 时，从 PLC 的 Y1 端产生一个频率为 800 Hz，数量为 D0 的高速脉冲。其中 K800 表示脉冲的频率，D0 为脉冲的个数，K500 为脉冲的加减速时间，单位为 ms。

上述两条指令为 16 位指令，若要使用 32 位指令，则要在指令的前面加上 "D"，为 DPLSY 和 DPLSR，则对应[S2]作为双字型处理。

## 知能拓展

### 伺服电动机及伺服驱动器介绍

伺服电动机又称执行电动机，它是控制电动机的一个种类。伺服电动机可以把输入的电压信号变换成为轴上的角位移和角速度输出。按供电电源和控制电压的不同可分为直流伺服电动机和交流伺服电动机两类。我们主要介绍交流伺服电动机。

1. 直流伺服电动机

直流伺服电动机的结构和一般直流电动机一样，只是为了减小转动惯量，电枢铁心做得细长。它的励磁绕组和电枢分别由两个独立电源供电，励磁也可做成永磁式。直流伺服电动机通常采用电枢控制方式，就是保持励磁电压一定，建立固定的励磁磁通，将控制电压加在电枢上。

2. 交流伺服电动机

交流伺服电动机定子的构造基本上与电容分相式单相异步电动机相似。其定子上装有两个位置互差 90°的绕组，一个是励磁绕组，它始终接在交流电源上；另一个是控制绕组，连接控制信号电源。所以交流伺服电动机又称两相伺服电动机。

交流伺服电动机在没有控制电压时，定子内只有励磁绕组产生的脉动磁场，转子静止不动。当有控制电压时，定子内便产生一个旋转磁场，转子沿旋转磁场的方向旋转，在负载恒定的情况下，电动机的转速随控制电压的大小而变化，当控制电压的相位相反时，伺服电动机将反转。

交流伺服电动机的转子通常做成鼠笼式，为了使伺服电动机具有较宽的调速范围、线性的机械特性、无 "自转" 现象和快速响应的性能，它与普通电动机相比，具有转子电阻大和转动惯量小的特点。所以伺服电动机与单相异步电动机相比，有 3 个显著特点：

（1）起动转矩大、起动快、灵敏度高；

（2）运行范围较宽；

（3）无自转现象。

伺服电动机构成的伺服系统应用十分广泛，主要作为自动控制系统的执行环节。根据被控对象的不同，由伺服电动机组成的伺服系统一般有 3 种基本控制方式，即位置、速度、力矩控制方式。通常用于位置和速度控制。在数控机床中，伺服系统主要指各坐标轴进给驱动的位置控制系统。

直流伺服系统常用小惯量直流伺服电动机和永磁直流伺服电动机构成（也称为大惯量宽调速直流伺服电动机）。小惯量伺服电动机最大限度地减少了电枢的转动惯量，所以能获得更好的速度，一般都设计成有高的额定转速和低的惯量，所以应用时，要经过中间机械传动（如齿轮副）才能与丝杠相连接。

交流伺服系统使用交流异步伺服电动机和永磁同步伺服电动机。交流伺服电动机转子惯量较直流电动机惯量小，动态响应更好。另外，在相同体积条件下，交流电动机的输出功率比直流电动机输出功率高；交流电动机的容量比直流电动机容量大，可达到更高的输出转矩和功率。

3. 三菱 MELSERVO-J2-Super 系列交流伺服驱动器介绍

三菱通用 MELSERVO-J2-Super 系列交流伺服驱动器的控制模式有位置控制、速度控制和转矩控制 3 种。还有位置/速度控制、速度/转矩控制、转矩/位置控制这些切换控制方式可供选择。该伺服放大器应用领域广泛，可用于工业机械和一般工业机械等需要高精度位置控制和平稳速度控制的场合，也可用于张力控制领域。

此外，还配有 RS-232C 和 RS-485 串行通信功能端口。通过安装有伺服设置软件的个人计算机，就能进行参数设定、试运行、状态显示和增益调整等操作。

MELSERVO-J2-Super 系列的伺服电动机编码器采用了分辨率为 131072 脉冲/转的绝对位置编码器，只要在伺服放大器上另加电池，就能构成绝对位置控制系统，这样在原点进行设置后，当电源重新投入使用时或发生报警后，不需要再次原点复位也能继续工作。

1）位置控制模式

可通过最大 500 kp/s（$10^3$ 脉冲数/秒）的高速脉冲串来控制电动机速度和方向。位置控制的分辨率为 131 072 脉冲/转。此外还提供了位置斜坡功能，并可以根据控制对象从两种模式中进行选择。当位置指令急剧变化时，该功能实现了平稳的启动和停止。

通过实施自调整，可以根据拖动机械的情况自动地设置增益。

2）速度控制模式

通过模拟量速度指令（0~±10 V DC）和内部参数的设定（最大 7 速），可对伺服电动机的速度和方向进行高精度地平稳控制。

另外，还具有用于速度指令的加速时间常数设定功能、停止时的伺服锁定功能和用于模拟量速度指令的偏置自动调整功能。

3）转矩控制模式

通过模拟量转矩输入指令（0~±8 V DC）或参数设置的内部转矩指令可控制伺服电动机的输出转矩。为防止无负载时速度过高，可通过模拟量输入或参数设置来设定速度的数值。

2. 功能框图

（1）如图 5-18 所示，为三菱通用 MELSERVO-J2-Super 伺服驱动器功能框图。

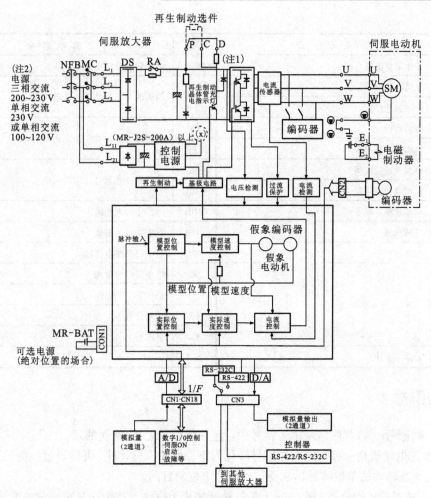

图 5-18　三菱通用 MELSERVO-J2-Super 伺服驱动器功能框图

注：1. MR-J2S-10A(1)没有内置再生制动选件。
　　2. 单相AC 230 V电源的场合，L1、L2接电源，L3不要接线。
　　　 单相AC 100~120 V场合，L3不要接线。

（2）符号说明见表 5-18。

表 5-18　符　号　说　明

| 符号 | 信　号　名　称 | 符号 | 信　号　名　称 |
|---|---|---|---|
| SON | 伺服开启 | VLC | 速度限制中 |
| LSP | 正转行程末端 | RD | 准备完毕 |
| LSN | 反转行程末端 | ZSP | 零速 |
| CR | 清除 | INP | 定位完毕 |
| SP1 | 速度选择 1 | SA | 速度到达 |
| SP2 | 速度选择 2 | ALM | 故障 |
| Pc | 比例控制 | WNG | 警告 |
| ST1 | 正向转动开始 | BWNG | 电池警告 |
| ST2 | 反向转动开始 | OP | 编码器 Z 相脉冲（集电极开路） |

| 符号 | 信 号 名 称 | 符号 | 信 号 名 称 |
|------|------------|------|------------|
| TL | 转矩限制选择 | MBR | 电磁制动器连锁 |
| RES | 复位 | LZ | 编码器 Z 相脉冲（差动驱动） |
| EMG | 外带紧急停止 | LZR | |
| LOP | 控制切换 | LA | 编码器 A 相脉冲（差动驱动） |
| VC | 模拟量速度指令 | LAR | |
| VLA | 模拟量速度限制 | LB | 编码器 B 相脉冲（差动驱动） |
| TLA | 模拟量转矩限制 | LBR | |
| TC | 模拟量转矩指令 | VDD | 内部接口电源输出 |
| RS1 | 正转选择 | COM | 数字接口电源输入 |
| RS2 | 反转选择 | OPC | 集电极开路电源输入 |
| PP | 正向/反向脉冲串 | SG | 数字接口公共端 |
| NP | | PI5R | 15 V DC 电源输出 |
| PG | | LG | 控制公共端 |
| NG | | SD | 屏蔽端 |
| TLC | 转矩限制中 | | |

## 思考与练习

**一、判断题**（将判断结果填入括号中。正确的填"√"，错误的填"×"）

1. 步进电动机是一种将电脉冲信号转化为角位移的执行元件，可以通过控制脉冲数量来控制步进电动机转动的角位移量，从而达到准确定位的目的。　　　　　　　　　（　　）

2. 步进电动机的驱动电路实际上是一种脉冲放大电路，使脉冲具有一定的电压驱动能力。
　　　　　　　　　　　　　　　　　　　　　　　　　　　　　　　　　　（　　）

3. 3ND583 低噪声细分步进驱动器的 ENA 使能信号输入端，此输入信号用于使能或禁止。ENA+ 接+5 V，ENA-接低电平（或内部光耦导通）时，驱动器将切断电动机各相的电流使电动机处于自由状态，此时步进脉冲不被响应。当无须用此功能时，使能信号端悬空即可。（　　）

4. 使用比较指令 CMP 编程后，目标操作软元件被自动占用，在不执行指令时，无需用复位指令清除比较结果。　　　　　　　　　　　　　　　　　　　　　　　　（　　）

**二、选择题**（选择一个正确的答案，将相应的字母填入题内的括号中）

1. 步进电动机可分 3 种类型，其中没有的类型是（　　　）。

A. 永磁式　　　　　　　　　B. 反应式

C. 阻容式　　　　　　　　　D. 混合式

2. 步进电动机在自动控制系统中主要采用（　　　）控制。

A. 反馈　　　　　　　　　　B. 开环

C. 半闭环　　　　　　　　　D. 闭环

3. 伺服电动机组成的伺服系统一般有 3 种基本控制方式，即位置、速度、力矩控制方式。

在数控系统中一般构成（　　　）控制系统。

    A. 开环和半闭环　　　　　　　　　　B. 开环和闭环

    C. 半闭环和闭环　　　　　　　　　　D. 定值或随动

### 三、思考题

1. 概述步进电动机。
2. 画出 3ND583 驱动器接线示意图。
3. 概述交流伺服电动机和控制原理。
4. 伺服电动机与单相异步电动机相比，有什么显著特点？

# 项目 6

## 联机运行 PLC 与触摸屏

### 情景导入

随着计算机技术的普及，在 20 世纪 90 年代初，出现了一种新的人机交互技术——触摸屏技术。利用这种技术，使用者只要用手指轻轻地触碰计算机显示屏上的图形或文字，就能对计算机主机进行操作或查询，这样就摆脱了键盘和鼠标的束缚，大大地提高了计算机的可操作性。使用工业控制人机界面能明确告知操作员机器设备目前的状况，使操作变得简单生动，并且减少操作上的失误，即使是新手也可以很轻松地操作整个机器设备，还可以减少 PLC 控制器所需 I/O 的点数，降低生产成本。

触摸屏是人机界面发展的主流方向，几乎成了人机界面的代名词。各种品牌的人机界面一般都要可以和各主要生产厂家的 PLC 进行通信。用户不用编写 PLC 和人机界面的通信程序，只需要在 PLC 的编程软件和人机界面的组态软件中对通信参数进行简单的设置，就可以实现人机界面与 PLC 的通信。

本项目以昆仑通态研发的人机界面 TPC7062KS 为例来学习触摸屏界面的制作，以达到在光机电一体实训考核装置中监控传送带运输机与分拣装置运行的目的。

### 项目目标

- 学会昆仑通态 TPC7062KS 触摸屏组态画面的制作及与三菱 PLC 的联调。

## 任务　用触摸屏控制传送带输送机与分拣装置

### 学习目标

- 认知昆仑通态触摸屏 TPC7062KS；
- 了解昆仑通态 TPC7062KS 触摸屏与三菱 PLC 的串口通信；
- 学会昆仑通态 TPC7062KS 触摸屏组态画面的制作及与三菱 PLC 的联调。

### 任务描述

用昆仑通态触摸屏 TPC7062KS 对 PLC 控制皮带输送机与分拣装置运行状况进行监控。（本任务控制要求具体见项目 4 任务 2 任务分析内容。）

## 任务分析

用昆仑通态触摸屏 TPC7062KS 对 PLC 控制传送带输送机与分拣装置运行状况实施监控，监控的画面如图 6-1 所示。触摸屏组态画面各元件对应 PLC 的参考地址，见表 6-1。

图 6-1 传送带输送机与分拣装置监控画面

表 6-1 触摸屏组态画面各元件对应 PLC 地址

| 元 件 类 别 | 名　　称 | 地　址 | 数 据 类 型 |
|---|---|---|---|
| 标准按钮 | 启动按钮 | M0000 | 开关型 |
| | 停止按钮 | M0001 | 开关型 |
| 插入元件（指示灯） | 运行指示 | Y0021 | 开关型 |
| | 停止指示 | Y0022 | 开关型 |
| 标签（显示框） | 1 号槽工件数量 | D1 | 数值型 |
| | 2 号槽工件数量 | D2 | 数值型 |
| | 3 号槽工件数量 | D3 | 数值型 |

触摸屏组态要求：

（1）按下触摸屏组态画面的启动按钮，设备启动，同时设备运行指示灯长亮；

（2）按下触摸屏组态画面的停止按钮，设备停止，同时设备停止指示灯长亮；

（3）设备运行过程中，对进入 1、2 和 3 号料槽的工件数量进行监控。

说明：完成项目内容的其他要求、安全注意事项、材料准备等见项目 4 任务 2。

## 任务实施

1. 实训器材

实训器材（见表 6-2）。

表 6-2 实训器材一览表

| 序　　号 | 名　　称 | 规　　格 | 数量 | 备　注 |
|---|---|---|---|---|
| 1 | 单相交流电源 | ~ 220 V、10 A | 1 处 | |
| 2 | 三相四线交流电源 | ~ 3 × 380 / 220 V、20 A | 1 处 | |

| 序　号 | 名　　称 | 规　格 | 数　量 | 备　注 |
|---|---|---|---|---|
| 3 | 光机电一体化实训考核装置 | THJDME-1型 | 1台 | |
| 4 | 机械设备安装工具 | 活动扳手，内、外六角扳手，钢直尺、高度尺，水平尺，角度尺等 | 1套 | |
| 5 | 电工工具 | 电工常用工具 | 1套 | |
| 6 | 编程电脑及编程软件 | 主流计算机及安装三菱 GX Developer 编程软件 | 1套 | |
| 7 | 静音气泵 | 自定 | 1台 | |
| 8 | 绝缘冷压端子 | 一字形 | 1包 | |
| 9 | 导线 | 0.75 mm² | 若干 | |
| 10 | 万用表 | 自定 | 1只 | |
| 11 | 异形管 | 1 mm² | 1 m | |
| 12 | 扎线 | 自定 | 若干 | |
| 13 | 气管 | $\phi 3$、$\phi 5$ | 若干 | |
| 14 | 黑色记号笔 | 自定 | 1支 | |
| 15 | 劳保用品 | 绝缘鞋、工作服等 | 1套 | |

注：机电一体化实训由两名同学组成一组分工协作完成，表 6-2 中所列工具、材料和设备，仅针对一组而言，实训时应根据学生人数确定具体数量。

2. 项目任务操作步骤

（1）参考项目 4 任务 2 内容，完成光机电一体化实训装置传送带输送与分拣机构的机械安装、气路安装、电气控制原理图绘制、电气控制电路安装，变频器的设置、PLC 控制程序编写等工作。

（2）编辑人机操作界面触摸屏（HMI）界面（参见本项目知识链接二内容）

（3）完成昆仑通态触摸屏 TPC7062KS 对 PLC 控制传送带输送机与分拣装置进行运行监控的联机调试（参见本项目知识链接三内容）

3. 项目训练任务的组织

（1）根据授课班级人数完成学生实训教学分组；

（2）强调机电设备安装调试实训安全注意事项及 6S 管理内容；

（3）在光机电一体化实训考核装置上完成本项目机械部件、气动元件、电气线路安装调试任务；

（4）完成传送带输送机与分检机构的触摸屏画面的编辑、PLC 控制程序设计、变频器参数设置，并根据任务要求完成联机调试。

（5）完成一个实训工时单位前整理实训工位或工作台，使之有序整洁。

4. 项目训练准备注意事项

（1）实训场地应干净整洁，无环境干扰；

（2）实训场地内应设有三相电源并装有触电保护器；

（3）实训前由实训室管理人员检查各工位应准备的器材、工具是否齐全，所贴工位号是否有遗漏。

5. 评分标准

评分标准（见表6-3）。

表6-3 评　分　表

| 工作任务 | 配分 | 评分项目 | 配分 | 扣　分　标　准 | 扣分 | 得分 | 任务得分 |
|---|---|---|---|---|---|---|---|
| 设备组装及电路、气路 | 30 | 部件调整 | 8 | 各传感器位置不符合工作要求、松动等，每处扣2分，最多扣8分 | | | |
| | | 电路连接 | 7 | 电路接线错误，每处扣2分，最多扣7分 | | | |
| | | 连接工艺 | 7 | 接线端子导线超过2根、导线露铜过长、布线零乱：每处扣1分，最多扣7分 | | | |
| | | 气路连接 | 8 | 漏气，调试时掉管，每处扣0.5分；气管过长，影响美观或安全，每处扣1分，最多扣10分 | | | |
| 程序与调试 | 40 | 红色警示灯 | 2 | 电源上电指示不正确，扣2分 | | | |
| | | 绿色警示灯 | 2 | 装置运行指示不正确，扣2分 | | | |
| | | 黄色警示灯 | 2 | 装置待料指示不正确，扣2分 | | | |
| | | 原始位置 | 3 | 不符合原始条件能运行系统，扣3分 | | | |
| | | 金属工件 | 4 | 动作与要求不符，传送带速度与要求不符，气缸动作与要求不符，每处扣2分 | | | |
| | | 非金属件 | 4 | 动作与要求不符，传送带速度与要求不符，气缸动作与要求不符，每处扣2分 | | | |
| | | 触摸屏界面设计 | 8 | 触摸屏界面设计错误，每处扣1分 | | | |
| | | | 15 | 触摸屏界面元件功能错误，每处扣2分，扣完为止，最多扣15分 | | | |
| | | | 5 | 触摸屏和 PLC 不能通信，不能用触摸屏控制 PLC 运行（而只能用按钮），扣5分 | | | |
| 安全文明操作 | 20 | | | 操作失误或违规操作造成器件损坏扣5分。恶意损坏器件取消实训成绩 | | | |
| | | | | 违反实训室规定和纪律，经指导老师警告第一次扣10分，第二次取消实训成绩 | | | |
| | | | | 乱摆放工具扣2分，乱丢杂物扣2分；工作台凌乱扣5分；完成任务后不清理工位扣5分，本项目10分扣完为止 | | | |
| 总得分 | | | | | | | |

## 知识链接

### 认识人机操作界面触摸屏

**一、认知 TPC7062KS 人机界面**

昆仑通态研发的人机界面 TPC7062KS，是一款在实时多任务嵌入式操作系统 Windows CE 环境中运行，MCGS嵌入式组态软件组态的触摸屏。

该产品设计采用了7英寸高亮度TFT液晶显示屏（分辨率 800×480），4线电阻式触摸屏（分辨率4096×4096），色彩达64K色彩。

CPU 主板：ARM 结构嵌入式低功耗 CPU 为核心，主频 400 MHz，64 MB 存储空间。

1. TPC7062KS 人机界面的硬件连接

TPC7062KS 人机界面的电源进线、各种通信接口均在其背面进行，如图 6-2 所示。

其中 USB1 口用来连接鼠标和 U 盘等，USB2 口用作工程项目下载，COM（RS-232）用来连接 PLC。下载线和通信线如图 6-3 所示。

图 6-2　TPC7062KS 的接口

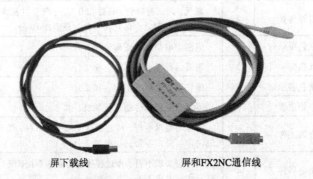

图 6-3　TPC7062KS 的下载线和与 FX2NC 的通信线

1）TPC7062KS 触摸屏与个人计算机的连接

TPC7062KS 触摸屏是通过 USB2 口与个人计算机连接的，连接以前，个人计算机应先安装 MCGS 组态软件。

2）TPC7062KS 触摸屏与 FX2NC 系列 PLC 的连接

TPC7062KS 触摸屏通过 COM 口直接与 PLC 的编程口连接，所用的通信电缆采用 RS-422 电缆（RS-485-4W），如图 6-3 所示。

为了实现正常通信，除了正确进行硬件连接，还需对触摸屏的串行口 0 属性进行设置，这将在设备窗口组态中实现，设置方法将在后面的触摸屏与三菱 PLC 的串口通信内容中详细说明。

2. 触摸屏设备组态

为了通过触摸屏设备操作机器或系统，必须给触摸屏设备组态用户界面，该过程称为"组态阶段"。系统组态就是通过 PLC 以"变量"方式进行操作单元与机械设备或过程之间的通信。变量值写入 PLC 上的存储区域（地址），由操作单元从该区域读取。

运行 MCGS 嵌入版组态环境软件，在出现的界面上，单击"文件"菜单，选择"新建工程"命令，弹出如图 6-4 所示界面。MCGS 嵌入版用"工作台"窗口来管理构成用户应用系统的 5 个部分，工作台上的 5 个标签：主控窗口、设备窗口、用户窗口、实时数据库和运行策略，对应于 5 个不同的选项卡，每一个选项卡负责管理用户应用系统的一个部分，单击不同的标签可切换到不同的选项卡，对应用系统的相应部分进行组态操作。

图 6-4　MCGS 嵌入版组态环境编辑界面

1）主控窗口

MCGS 嵌入版的主控窗口是组态工程的主窗口，是所有设备窗口和用户窗口的父窗口，它相当于一个大的容器，可以放置一个设备窗口和多个用户窗口，负责这些窗口的管理和调度，并调度用户策略的运行。同时，主控窗口又是组态工程结构的主框架，可在主控窗口内设置系统运行流程及特征参数，方便用户的操作。

2）设备窗口

设备窗口是 MCGS 嵌入版系统与作为测控对象的外部设备建立联系的后台作业环境，负责驱动外部设备，控制外部设备的工作状态。系统通过设备与数据之间的通道，把外部设备的运行数据采集进来，送入实时数据库，供系统其它部分调用，并且把实时数据库中的数据输出到外部设备，实现对外部设备的操作与控制。

3）用户窗口

用户窗口本身是一个"容器"，用来放置各种图形对象（图元、图符和动画构件），不同的图形对象对应不同的功能。通过对用户窗口内多个图形对象的组态，生成漂亮的图形界面，为实现动画显示效果做准备。

4）实时数据库

在 MCGS 嵌入版中，用数据对象来描述系统中的实时数据，用对象变量代替传统意义上的值变量，把数据库技术管理的所有数据对象的集合称为实时数据库。

实时数据库是 MCGS 嵌入版系统的核心，是应用系统的数据处理中心。系统各个部分均以实时数据库为公用区交换数据，实现各个部分协调动作。

设备窗口通过设备构件驱动外部设备，将采集的数据送入实时数据库；由用户窗口组成的图形对象，与实时数据库中的数据对象建立连接关系，以动画形式实现数据的可视化；运行策略通过策略构件，对数据进行操作和处理。如图 6-5 所示。

5）运行策略

对于复杂的工程，监控系统必须设计成多分支、多层循环嵌套式结构，按照预定的条件，对系统的运行流程及设备的运行状态进行有针对性选择和精确的控制。为此，MCGS 嵌入版引入运行策略的概念，用以解决上述问题。

所谓"运行策略"，是用户为实现对系统运行流程自由控制所组态生成的一系列功能块的总称。MCGS 嵌入版为用户提供了进行策略组态的专用窗口和工具箱。运行策略的建立，使系统能够按照设定的顺序和条件，操作实时数据库，控制用户窗口的打开、关闭以及设备构件的工作状态，从而实现对系统工作过程精确控制及有序调度管理的目的。

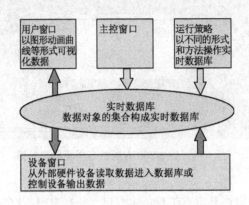

图 6-5　实时数据库数据流图

## 二、人机操作界面触摸屏（HMI）界面编辑及调试

人机操作界面触摸屏（HMI）界面编辑及调试内容的叙述以本项目任务内容实施为载体，以供学生在完成实际项目任务的同时学习触摸屏的使用。

根据项目功能要求，选用 FX2N 系列 PLC 和昆仑通态触摸屏 TPC7062KS 控制。画面中包含了如下几方面的内容：

（1）状态指示：运行指示、停止指示；

（2）按钮：启动按钮、停止按钮；

（3）文本框：传送带运输机与分拣装置监控画面、指示灯等文字；

（4）显示框。

触摸屏组态画面各元件对应 PLC 地址（见表 6-4）。

表 6-4　触摸屏组态画面各元件对应 PLC 地址

| 元 件 类 别 | 名　　称 | 地　　址 | 数 据 类 型 |
| --- | --- | --- | --- |
| 标准按钮 | 启动按钮 | M0000 | 开关型 |
| | 停止按钮 | M0001 | 开关型 |
| 插入元件（指示灯） | 运行指示 | Y0021 | 开关型 |
| | 停止指示 | Y0022 | 开关型 |
| 标签（显示框） | 1号槽工件数量 | D1 | 数值型 |
| | 2号槽工件数量 | D2 | 数值型 |
| | 3号槽工件数量 | D3 | 数值型 |

接下来给出人机界面的组态步骤和方法。

1. 创建工程

TPC 类型中如果找不到"TPC7062KS"的话，则请选择"TPC7062K"，工程名称为"传送带输送机与分拣机构进行监控"。

2. 定义数据对象

根据表 6-3 给出的数据对象，以数据对象"启动按钮"为例，介绍定义数据对象的步骤：

单击工作台中的"实时数据库"标签，切换到实时数据库选项卡。

单击"新增对象"按钮，在窗口的数据对象列表中，增加新的数据对象，系统默认定义的名称为"InputETime1"、"InputETime2"、"InputETime3"等（多次单击该按钮，则可增加多个数据对象）。选中对象，单击"对象属性"按钮，或双击选中对象，则弹出"数据对象属性设置"对话框。

将对象名称改为"启动按钮"；对象类型选择"开关"；单击"确认"按钮。

按照此步骤，根据表 6-4，设置其他数据对象。如图 6-6 所示。

图 6-6 实时数据库

3. 设备连接

为了能够使触摸屏和 PLC 进行通信，需要把定义好的数据对象和 PLC 内部变量进行连接，具体操作步骤如下：

在"设备窗口"选项卡中双击"设备窗口"图标进入设备组态窗口。

若"工具箱"没有打开，单击工具条中的"工具箱"按钮 ，弹出"设备工具箱"对话框。

在可选设备列表中，双击"通用串口父设备"选项，然后双击"三菱_FX 系列编程口"，在"设备组态：设备窗口"窗口中出现如图 6-7 所示的连接。

图 6-7 设备组态窗口

双击"通用串口父设备"，弹出"通用串口设备属性编辑"对话框，如图 6-8 所示，作如下设置：

（1）串口端口号（1~255）设置为：0 – COM1；

（2）通信波特率设置为：6-9600；

（3）数据位位数设置为：0-7；

（4）停止位位数设置为：0-1；

（5）数据校验方式设置为：2-偶校验；

（6）其他设置为默认。

双击"三菱_FX 系列编程口"，进入"设备编辑窗口"窗口，如图 6-9 所示。左边窗口下方

CPU 类型选择 2-FX2NCCPU。默认右窗口自动生产通道名称 X0000 ~ X0007，可以单击"删除全部通道"按钮给以删除。

图 6-8  通用串口设置

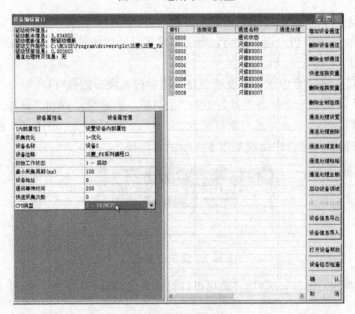

图 6-9  设备编辑窗口

接下来进行变量的连接，这里以"启动按钮"变量为例进行说明。

① 单击"增加设备通道"按钮，出现如图 6-10 所示窗口。参数设置如下：

通道类型：M 辅助寄存器；

通道地址：0；

通道个数：1；

读写方式：读写。

② 单击"确认"按钮，完成基本属性设置。

③ 双击"读写 M0000"通道对应的连接变量，从数据中心选择变量："启动按钮"。

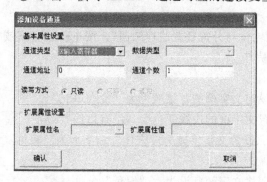

| 索引 | 连接变量 | 通道名称 | 通道处理 |
|------|----------|----------|----------|
| 0000 |          | 通讯状态 |          |
| 0001 | 运行指示 | 读写Y0020 |          |
| 0002 | 停止指示 | 读写Y0021 |          |
| 0003 | 启动按钮 | 读写M0000 |          |
| 0004 | 停止按钮 | 读写M0001 |          |
| 0005 | 一槽元件数量 | 读写DWUB0001 |          |
| 0006 | 二槽元件数量 | 读写DWUB0002 |          |
| 0007 | 三槽元件数量 | 读写DWUB0003 |          |

（a）　添加设备通道窗口图　　　　　　　（b）　设备通道建立完成后

图 6-10　增加设备通道

用同样的方法，增加其他通道，连接变量，如图 6-10 所示，单击"确认"按钮。

**说明**：Y20，Y21 对应的通道地址分别是 16（2×8=16）、17。

### 4. 画面和元件的制作

1）新建画面以及属性设置

在工作台"用户窗口"选项卡中单击"新建窗口"按钮，建立"窗口 0"。选中"窗口 0"，单击"窗口属性"按钮，弹出"用户窗口属性设置"对话框。

将窗口名称改为"传送带运输机与分拣装置监控画面"；窗口标题改为"自定义窗口"。

单击"窗口背景"文本框右侧的下三角按钮，在弹出的选择项列表中选择灰色（读者也可自定义背景颜色），如图 6-11 所示，单击"确认"按钮完成设置。

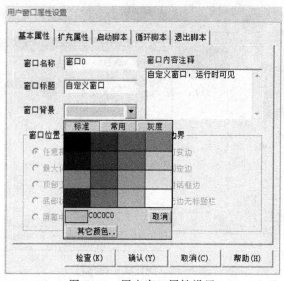

图 6-11　用户窗口属性设置

2）制作文字框图

以传送带运输机与分拣装置监控画面的制作为例说明双击"用户窗口"，进行画面编辑。

（1）若"工具箱"没有打开，则单击工具条中的"工具箱"按钮 ✗，弹出"工具箱"对话框。

（2）单击工具箱中的"标签"按钮 **A**，鼠标指针呈"十字"形，在窗口顶端中心位置拖动鼠标，根据需要画出一个大小合适的矩形。

（3）在光标闪烁位置输入文字"传送带运输机与分拣装置监控画面"，按【Enter】键或在窗口任意位置用鼠标左键单击一下，文字输入完毕。

（4）选中文字框，作如下设置：

① 单击工具条上的"填充色"按钮 ❤️，设定文字框的背景颜色为"没有填充"；

② 单击工具条上的"线色"按钮 ▨，设置文字框的边线颜色为"没有边线"；

③ 单击工具条上的"字符字体"按钮 A**a**，设置文字字体为"宋体"；字型为"粗体"；字号为"三号"；

④ 单击工具条上的"字符颜色"按钮 ▨**A**，将文字颜色设为："银色"。

（5）其他文字框制作方法相同。"运行指示"、"停止指示"、"一号料槽工件数量"、"二号料槽工件数量"、"三号料槽工件数量"。

文字框属性设置如下：

① 背景颜色为"没有填充"。

② 边线颜色为"没有边线"。

③ 文字字体为"宋体"；字型为"粗体"；字号为"小三号"。

3）制作状态指示灯

以"运行指示"指示灯为例说明

（1）单击绘图工具箱中的"插入元件"按钮 🖼️，弹出"对象元件库管理"对话框，选择指示灯6（读者也可根据需要，选择元件库中其他类型的指示灯），单击"确认"按钮。双击"指示灯"，弹出"单元属性设置"对话框，如图6-12所示。

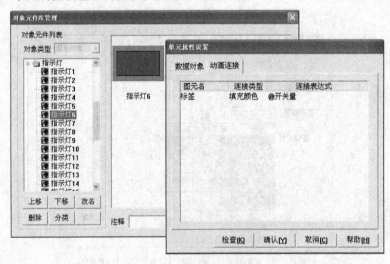

图6-12　制作状态指示灯

（2）数据对象选项卡中，单击右角的 ? 按钮，从数据中心选择"运行指示"变量。

（3）动画连接选项卡中，单击"填充颜色"，右边出现，按钮 >，如图6-13所示。

（4）单击按钮 >，弹出"标签动画组态属性设置"对话框，如图6-14所示。

图 6-13　指示灯单元属性设置

图 6-14　指示灯标签动画组态属性设置

（5）切换到"属性设置"选项卡，填充颜色"白色"。

（6）切换到"填充颜色"选项卡，分段点 0 对应颜色"白色"；分段点 1 对应颜色"浅绿色"。如图 6-15 所示，单击"确认"按钮完成。

（7）"停止指示"指示灯制作方法同上，属性设置如下：

①　填充颜色"白色"；

②　表达式"停止指示"；

③　分段点 0 对应颜色"白色"；分段点 1 对应颜色"红色"。

4）制作按钮

以"启动按钮"为例，说明

（1）单击绘图工具箱中"标准按钮"按钮 ⊐，在窗口中拖出一个大小合适的按钮，双击"按钮"，弹出"标准按钮构件属性设置"对话框，如图 6-16 所示。

（2）切换到"基本属性"选项卡，无论是抬起还是按下状态，"文本"文本框中均输入"启动按钮"；设置字体为"宋体"；字号为"小四号"，背景颜色为"浅绿色"。

（3）"操作属性"选项卡，抬起功能：数据对象值操作设置为"按 1 松 0"，"启动按钮"，如图 6-17 所示。

图 6-15　指示灯填充颜色设置

图 6-16　标准按钮构件基本属性设置

其他默认。单击"确认"按钮完成。

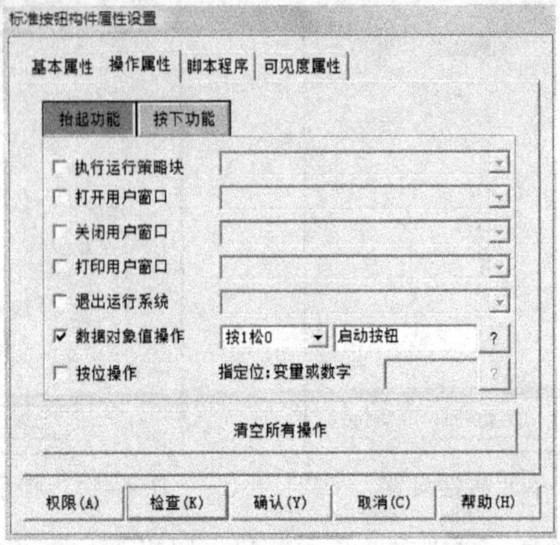

图 6-17　标准按钮构件操作属性设置

"停止按钮"除了"变量连接"、"文本"文本框中输入"停止按钮"，文本颜色为"红色"，其他属性设置同"启动按钮"的设置。

5）制作工件数量显示框

以"一号料槽工件数量"为例，说明。

（1）单击绘图工具箱中"标签"按钮 **A**，根据需要画出一个大小适合的矩形，双击"矩形框"，窗口弹出"标签动画组态属性设置"对话框，如图 6-18 所示，选择输入输出连接中的显示输出。

（2）切换到"显示输出"选项卡，单击表达式中的按钮 ?，选择"一槽元件数量"，在使用单位框内选择"√"，并在单位文本框中输入"个"，输出格式选择为"十进制"，小数位数为 0，单击"确认"按钮完成。如图 6-19 所示。

"二号料槽元件数量"和"三号料槽元件数量"除了表达式外，其他属性设置同"一号料槽元件数量"。

图 6-18　标签动画组态属性设置

6）工程的下载

当需要在 MCGS 组态软件上把资料下载到 HMI 时，单击"工具"菜单，选择"下载配置"命令，弹出"下载配置"对话框单击连接方式文本框右侧下三角按钮选择"USB 通信"，单击"连接运行"按钮，单击"工程下载"按钮，即可进行下载。如图 6-20 所示。如果工程项目要在电脑模拟测试，则单击"模拟运行"按钮，然后下载工程。

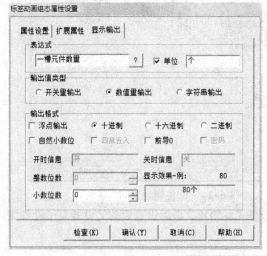

图 6-19　标签动画组态属性设置　　　　　　图 6-20　工程下载方法

7）运行调试

连接触摸屏和三菱 PLC 的通信线，将 PLC 置于运行状态，利用触摸屏进行调试，达到功能要求。

### 三、昆仑通态 TPC7062KS 触摸屏与三菱 PLC 的串口通信

用昆仑通态 TPC7062KS 触摸屏和三菱 FX2NPLC 联机调试时，可利用 RS-485 通信模块（FX2N-485BD 板）和相应的通信线，避免触摸屏与 PLC 的通信；个人计算机与 PLC 通信共用编程口造成调试困难和带电拔插可能的危险，其连接如图 6-21 所示。

1. 昆仑通态 TPC7062KS 触摸屏与三菱 FX2N　PLC 的通信连接

采用 FX2N-485-BD，其接线方式如图 6-22 所示：

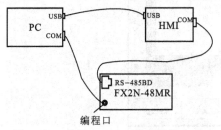

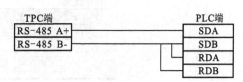

图 6-21　利用 RS-485 通信模块实现　　　　图 6-22　TPC7062KS 触摸屏与三菱 FX2N
　　　　HMI、PLC 与 PC 的互连　　　　　　　　　　PLC 的通信连接

**注意**：使用 TPC 的 RS-485 口或通过 RS-232/485 转换模块与 485BD 通信模块通信时，最后一个 PLC 模块端 RDA 与 RDB 之间一般要接 100 Ω 的终端电阻。

**2. 触摸屏的设置**

（1）组态硬件。打开"设备工具箱"，如图 6-23 所示。单击"设备管理"按钮，弹出"设备管理"对话框，如图 6-24 所示。

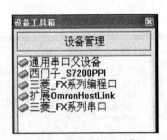

图 6-23  设备工具箱

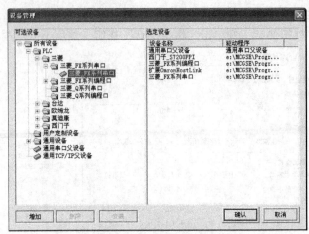

图 6-24  设备管理窗口

选择"三菱 FX 系列串口"选项，双击添加到设备工具箱里，最后组态后的父设备与子设备如图 6-25 所示。

图 6-25  设备窗口

（2）修改父设备的参数如图 6-26 所示。

图 6-26  通用串口设备属性编辑

注：串口端口号应选 COM2。

（3）修改子设备的参数如图 6-27 所示。

| 设备属性名 | 设备属性值 |
|---|---|
| [内部属性] | 设置设备内部属性 |
| 采集优化 | 1-优化 |
| 设备名称 | 设备0 |
| 设备注释 | 三菱_FX系列串口 |
| 初始工作状态 | 1 - 启动 |
| 最小采集周期(ms) | 100 |
| 设备地址 | 0 |
| 通讯等待时间 | 200 |
| 快速采集次数 | 0 |
| 协议格式 | 0 - 协议1 |
| 是否校验 | 1 - 求校验 |
| PLC类型 | 4 - FX2N |

图 6-27　子设备参数修改

### 3. PLC 的设置

FX 系列 PLC 支持无协议的 RS-232 和 RS-485 专用通信协议两种通信方式，可通过编程软件 GX Developer，在"PLC 参数"进行通信设置，使用"三菱_FX 系列串口"协议通信时，协议要选择"专用协议通信"方式，否则无法通信。其它参数根据需要进行设置，如下图所示：

打开 GX Developer 软件，设置 PLC 参数，在 FX 参数设置中修改通信设置操作，如图 6-28 所示：

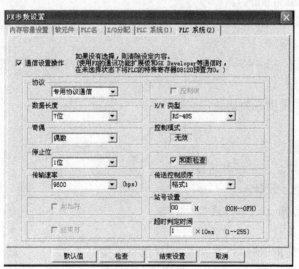

图 6-28　PLC 参数的设置

这样触摸屏就可以通过 RS-485 通信与 PLC 连起来了。

## 知能拓展

### 西门子 SMART700 触摸屏使用入门

#### 1. 注意事项

（1）请确保在 HMI 设备外部为所有连接电缆预留足够的空间。

（2）安装 HMI 设备时，确保工作台和整体设备正确接地。

（3）连接电源：仅限 DC 24 V。

Smart700 面板说明如图 6-29 所示：

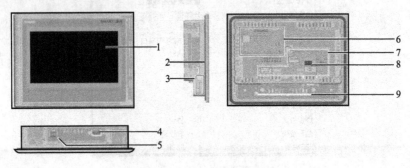

图 6-29　Smart700 面板说明

1—显示器/触摸屏　　6—铭牌
2—安装密封垫　　　　7—接口名称
3—安装卡丁的凹槽　　8—DIP开关
4—RS-422/RS-485　　9—功能接地连接
5—电源连接器

2. WinCC flexible 2008 软件的安装

安装步骤介绍如下：

（1）装 Wincc flexible 2008 CN；

（2）装 Wincc flexible 2008_SP2；

（3）装 Smart panelHSP。

按向导提示，单击"下一步"按钮，最后单击"完成"按钮，软件安装完毕。

3. 连接组态 PC

（1）组态 PC 能够提供下列功能：

① 传送项目；

② 传送设备映像；

③ 将 HMI 设备恢复至工厂默认设置；

④ 备份、恢复项目数据。

（2）将组态 PC 与 Smart Panel 连接：

① 关闭 HMI 设备；

② 将 PC/PPI 电缆的 RS-485 接头与 HMI 设备连接；

③ 将 PC/PPI 电缆的 RS-232 接头与组态 PC 连接。

4. HMI 与 PLC 连接

表 6-5 显示了 DIP 开关设置。

表 6-5 DIP 开关设置

| 通 信 | 开 关 设 置 | 含 义 |
|---|---|---|
| RS485 | 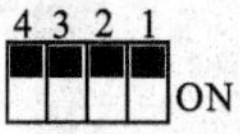 4 3 2 1 ON | SIMATIC PLC 和 HMI 设备之间进行数据传输时,连接头上没有 RTS 信号(出厂状态)<br><br>与西门子PLC通信电缆<br>Smart Line RS485 端口到 S7-200 PLC 编程口 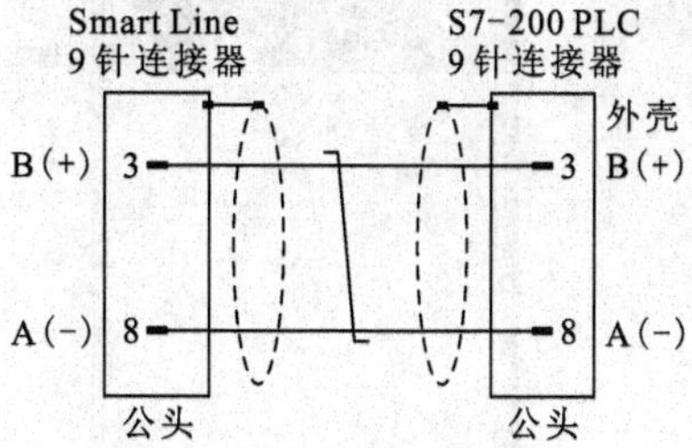<br><br>Smart Line 9针连接器 — S7-200 PLC 9针连接器<br>B(+) 3 —— 3 B(+)<br>A(-) 8 —— 8 A(-) 外壳<br>公头 公头 |
| | 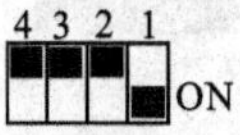 4 3 2 1 ON | 与 PLC 一样,针脚 4 上出现 RTS 信号。例如,用于调试时 |
| | 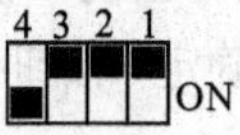 4 3 2 1 ON | 与编程设备一样,针脚 9 上出现 RTS 信号。例如,用于调试时 |
| RS422 | 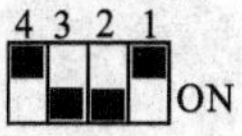 4 3 2 1 ON | 在连接三菱 FX 系列 PLC 和欧姆龙 CP1H / CP1L /CP1E-N 等型号 PLC 时,RS-422/RS-485 接口处于激活状态<br><br>与三菱PLC通信电缆<br>Smart Line RS422 端口到 FX 系列 PLC 编程口 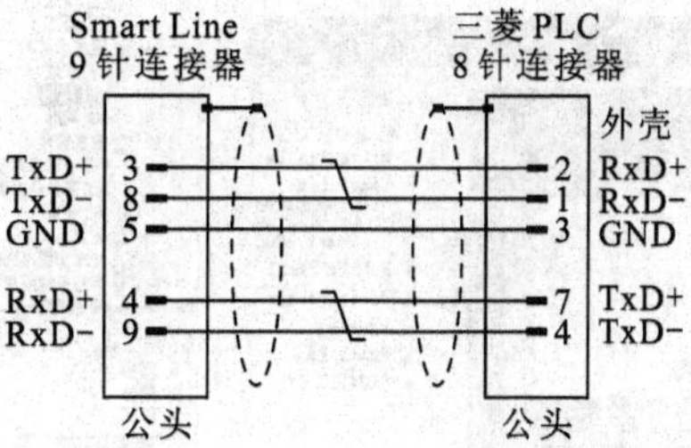<br><br>Smart Line 9针连接器 — 三菱 PLC 8针连接器<br>TxD+ 3 —— 2 RxD+<br>TxD- 8 —— 1 RxD-<br>GND 5 —— 3 GND<br>RxD+ 4 —— 7 TxD+<br>RxD- 9 —— 4 TxD- 外壳<br>公头 公头 |

5. 制作一个简单的工程

(1)安装好 Wincc flexible 2008 软件后,单击"开始"按钮,选择"程序"选项,选择"WinCC.flexible 2008"选项,选择相应的可执行程序单击,打开触摸屏软件。界面如图 6-30 所示。

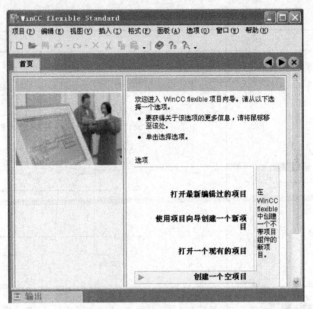

图 6-30　创建一个新工程

（2）单击"选项"菜单，选择"创建一个空项目"命令，在弹出的"设备选择"界面，如图 6-31（a）中选择触摸屏"Smart Line"中的"Smart 700"，单击"确定"按钮，进入如图 6-31（b）所示界面。

（a）设备选择界面　　　　　　　　　　　　　　　　　（b）触摸屏界面

图 6-31　设备选择界面和触摸屏界面

（3）在上述界面中，左侧菜单选择通信下的双击"连接"，选择通信驱动程序（Mitsubishi FX）。设置完成，如图 6-32 所示。

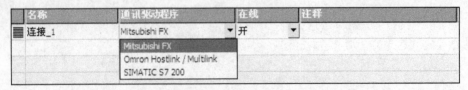

图 6-32　建立 PLC 连接

（4）再双击左侧菜单选择通信下的"变量"，建立变量表。其中对于软元件 M 和 Y 的数据类型为位"Bit"，对于软元件 D 的数据类型为字"Word"，如图 6-33 所示。

| 名称 | 连接 | 数据类型 | 地址 |
|---|---|---|---|
| 变量_1 | 连接_1 | Bit | M0 |
| 变量_2 | 连接_1 | Bit | M1 |
| 变量_3 | 连接_1 | Bit | Y21 |
| 变量_4 | 连接_1 | Bit | Y22 |
| 变量_5 | 连接_1 | Word | D1 |
| 变量_6 | 连接_1 | Word | D2 |
| 变量_7 | 连接_1 | Word | D3 |

图 6-33 建立变量表

（5）变量建立完成，选择画面，进行画面功能制作，如制作一个启动按钮，选择右侧"按钮"，在"常规"下设置文字显示，在"属性"下的"文本"进行样式和对齐方式的设置，在"事件"下选择"按下"置位"SetBit"，如图 6-34 所示，"释放"下设置复位"ResetBit"，如图 6-35 所示，并连接相应变量时，按钮设置完成。

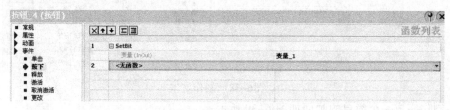

图 6-34 按钮按下时置位

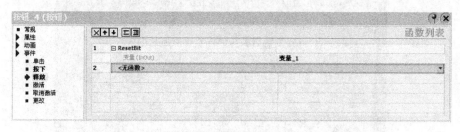

图 6-35 按钮释放时复位

（6）制作指示灯，用于监控 PLC 输入输出端口状态，可选择右侧"圆"，选择合适的大小，一个填充红色，一个填充绿色，在"动画"下的"可见性"中，红色的圆设置为"可见"，绿色的圆设置为"隐藏"，并连接相应变量，设置完成后将两个圆重合起来，如图 6-36 所示。

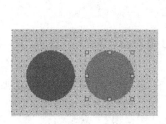
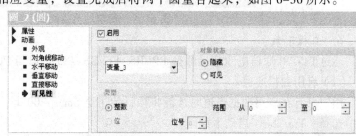

图 6-36 制作指示灯

（7）制作显示元件，用于对 PLC 程序进行监视，选择右侧"IO 域"，在"常规"下设置"类型"、"过程变量"、"格式"和"样式"，如图 6-37 所示。

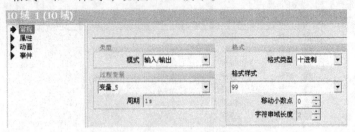

图6-37　制作显示元件

（8）制作文本，用于对图形和组态画面的注释，选择右侧"文本域"，在"文本"中输入相应的文字，在"属性"中选择"文本"，进行样式和对齐方式的设置，如图 6-38 所示。

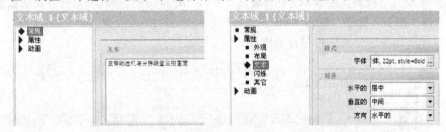

图6-38　制作文本

（9）制作完成一个简单的画面如图 6-39 所示。

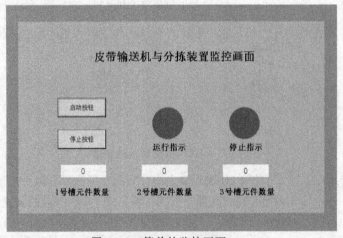

图 6-39　简单的监控画面

6．工程下载

通过 PC/PPI 通信电缆连接触摸 PPI/RS-422/RS-485 接口与 PC 串口。

（1）启用数据通道。

用户只有在启用数据通道时才能将项目传送至 Smart 700 上，在 Smart 700 加电后的启动画面中选择"Transfer"启动下载。

若不能启动"Transfer"，则通过启用数据通道-Smart Panel（Smart 700），单击"Transfer"按钮，弹出"TransferSettings"对话框，如果 HMI 设备通过 PC-PPI 电缆与组态 PC 互连，则在

"Channel 1"域中激活"Enable Channel"复选框,使用"OK"关闭对话框并保存输入内容。再选择"Transfer"启动下载。

（2）单击"下载"按钮下载工程,如图 6-40 所示。

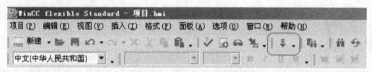

图 6-40　启动下载工程

下载完成,触摸屏需在开启时用数据通道选择"Control Panel",在弹出窗口取消选中后关闭,用于对触摸屏中的组态进行保护。再用专用连接电缆连接 PLC 与触摸屏,就可以实现所设定的控制。

## 思考与练习

**一、判断题**（将判断结果填入括号中。正确的填"√",错误的填"×"）

1. 当需要在 MCGS 组态软件上把资料下载到 HMI 时,只要在下载配置里,选择连接方式为"串口通信",选择"连接运行",单击"工程下载"即可进行下载。　　　　（　　）

2. 用人机界面触摸屏监控机电设备运行,就大量节省了安装人员硬接线的麻烦,比如急停这样的硬接线按钮也不需设置安装了。　　　　（　　）

3. 使用 TPC 的 RS-485 口或通过 RS-232/485 转换模块与 485BD 通信模块通信时,最后一个 PLC 模块端 RDA 与 RDB 之间一般要接 100 Ω 的终端电阻。　　　　（　　）

4. FX 系列 PLC 支持无协议的 RS-232 和 RS-485 专用通信协议两种通信方式,可通过编程软件 GX Developer,在"PLC 参数"进行通信设置,使用"三菱_FX 系列串口"协议通信时,协议要选择"专用协议通信"方式,否则无法通信。　　　　（　　）

**二、选择题**（选择一个正确的答案,将相应的字母填入题内的括号中）

1. MCGS 嵌入版用"工作台"窗口来管理构成用户应用系统的 5 个部分,工作台上的 5 个标签其中不包括（　　　）。

A. 主控窗口　　　　　　　　　　B. 设备窗口

C. 监控窗口　　　　　　　　　　D. 用户窗口

2. 使用触摸屏控制 PLC 时,启动按钮的变量连接中,通道类型应为（　　　）。

A. X 输入寄存器　　　　　　　　B. M 辅助寄存器

C. S 状态寄存器　　　　　　　　D. D 数据寄存器

**三、思考题**

1. 昆仑通态 TPC7062KS 触摸屏与三菱 FX2NPLC 采用 FX2N-485-BD 的通信连接时,画出其接线图。

2. 将光机电一体化实训装置中的井式上料机构,设计成为触摸屏和 PLC 联机控制。

# 项目 7

## 完成机电一体化实训装置的综合应用课题

### 情景导入

工业领域的现代机电设备大多是机电气液综合控制系统,结合了机械技术、电工电子技术、传感与检测技术、液压和气压传动技术、自动控制技术、计算机技术等多学科知识,是多学科知识应用于实践的综合体。本实训项目以 THJDME-1 型光机电一体化实训考核装置为载体,以应用型综合课题(项目)的设计安装调试为手段,巩固本课程前期项目实训的理论知识,达到课程教学目标。同时,本项目以知识链接形式介绍了 FX2NPLC 联网通信知识和工业控制网络知识,希望引起学生对学习更高层次专业理论知识的兴趣。

### 项目目标

- 掌握较复杂机电设备的安装调试方法和步骤;
- 学会安装光机电一体化实训考核装置;
- 理解光机电一体化实训考核装置 PLC 控制程序的设计;
- 具备应用 MCGS 嵌入式组态软件组态的昆仑通态触摸屏、FR-E740 变频器的基本能力;
- 了解 FX2NPLC 联网通信知识和工业控制网络知识。

### 任务　完成光机电一体化模拟自动生产线
### (推料、取料、传送、分拣任务)

光机电一体化实训装置是对工业现场开关量单机控制系统的模拟,有较强的综合性。是我们学习复杂自动化控制系统的基础,希望同学认真完成本项目任务,在实践中获取知识和技能。

### 学习目标

- 完成光机电一体化实训考核装置综合性应用课题的安装调试;
- 理解掌握光机电一体化实训考核装置 PLC 程序的设计;

- 具备应用昆仑通态触摸屏、FR-E740变频器的基本能力。

## 任务描述

在天煌光机电一体化实训装置上模拟设计安装调试 PLC、触摸屏控制的自动上料、机械手搬运、传送带输送机运送分检工件的自动化生产线终端设备——分装机。

## 任务分析

某工厂生产加工金属、白色塑料和黑色塑料 3 种工件，在该生产线的终端设有一个井式上料机构、机械手搬运装置和一条传送带输送机分拣装置组成的设备——分装机，以达到将这 3 种工件分别送达不同地方的目的。

1. 任务要求

1）设备启动前的状态

设备在运行前应检查各部件是否在初始位置，手动操作时动作是否自然。

初始位置要求：存放料台处无料；料台推料气缸、传送带输送机分拣推料气缸和导料气缸活塞杆均处于缩回状态；气动机械手手臂处于缩回位，前臂处于上升位，气动手爪夹处于放松状态，气动机械手旋转到左限位起始位置。

设备加电后，若设备处于原位，则警示红灯长亮；若设备不在原位，则警示红灯以 1 Hz 的频率闪烁；设备不能启动，此时须按复位按钮，设备执行复位后，各执行部件回到原位后，警示红灯长亮，设备方可启动。

2）设备各装置正常工作流程

（1）上料机构。在复位完成后，按"启动"按钮，警示红灯熄灭，警示绿灯长亮。料筒光电传感器检测到有工件时，推料气缸将工件推出至存放料台，若 3 s 后，料筒检测光电传感器仍未检测到工件，则说明料筒内无物料，这时警示黄灯以 1 Hz 的频率闪烁，放入物料后警示黄灯熄灭；机械手将工件取走后，推料气缸缩回，工件下落，气缸重复上一次动作。

（2）搬运机械手机构。当存放料台检测光电传感器检测物料到位后，机械手手臂前伸，手臂伸出限位传感器检测到位后，延时 0.5 s 手爪气缸下降，手爪下降限位传感器检测到位后，延时 0.5 s 气动手爪抓取物料，手爪夹紧限位传感器检测到夹紧信号后；延时 0.5 s 手爪气缸上升，手爪提升限位传感器检测到位后，手臂气缸缩回，手臂缩回限位传感器检测到位后；手臂向右旋转，手臂旋转完成一定角度后，手臂前伸，手臂伸出限位传感器检测到位后，手爪气缸下降，手爪下降限位传感器检测到位后，延时 0.5 s 气动手爪放开物料，手爪气缸上升，手爪提升限位传感器检测到手爪提升位后，手臂气缸缩回，手臂缩回限位传感器检测到位后；手臂向左旋转，等待下一个物料到位，重复上面的动作，在分拣气缸完成分拣后，再将物料放入输送线上。

3）成品分拣机构

当入料口光电传感器检测到物料时，变频器接收启动信号，三相交流异步电动机以 30 Hz 的频率正转运行，传送带开始输送工件，当料槽一到位检测传感器检测到金属物料时，推料一气缸动作，将金属物料推入一号料槽，料槽检测传感器检测到有工件经过时，电动机停止；当料槽二检测传感器检测到白色塑料物料时，旋转气缸动作，将白色塑料物料导入二号料槽，料槽检测传感器检测到有工件经过时，旋转气缸转回原位，同时电动机停止；当物料为黑色塑料物料直接导入三号料槽，料槽检测传感器检测到有工件经过时，电动机停止。

4）停止工作

按下"停止"按钮，等分拣完机械手和传送带上所有工件后，设备回到原位停止工作，警示绿灯熄灭，警示红灯长亮。

2．任务内容

根据生产设备的工作要求在 THJDME-1 型光机电一体化实训考核装置上完成下列工作任务：

（1）按实训装置总组装图（见项目 1 图 1-10）组装分装机，并满足图纸提出的技术要求。

（2）根据表 7-1 所示的 PLC 输入/输出端子（I/O）分配和光机电一体化电气原理图（见图 7-1）连接电路。

表 7-1　三菱 I/O 地址分配及功能说明

| 序号 | PLC 地址 | 名称及功能说明 | 序号 | PLC 地址 | 名称及功能说明 |
|---|---|---|---|---|---|
| 1 | X0 | 启动按钮 | 22 | Y0 | 步进电动机驱动器 PUL- |
| 2 | X1 | 停止按钮 | 23 | Y1 | 步进电动机驱动器 DIR- |
| 3 | X2 | 复位按钮 | 24 | Y2 | 步进电动机驱动器 ENA- |
| 4 | X3 | 物料检测光电传感器 | 25 | Y3 | 物料推出 |
| 5 | X4 | 物料推出检测光电传感器 | 26 | Y4 | 手臂伸出 |
| 6 | X5 | 推料伸出限位传感器 | 27 | Y5 | 气爪下降 |
| 7 | X6 | 推料缩回限位传感器 | 28 | Y6 | 手爪夹紧 |
| 8 | X7 | 手臂伸出限位传感器 | 29 | Y7 | 手爪松开 |
| 9 | X10 | 手臂缩回限位传感器 | 30 | Y10 | 推料气缸 |
| 10 | X11 | 手爪下降限位传感器 | 31 | Y11 | 导料气缸 |
| 11 | X12 | 手爪提升限位传感器 | 32 | Y12 | 警示红灯 |
| 12 | X13 | 手爪夹紧限位传感器 | 33 | Y13 | 警示绿灯 |
| 13 | X14 | 机械手基准传感器 | 34 | Y14 | 警示黄灯 |
| 14 | X15 | 推料一伸出限位传感器 | 35 | Y20 | 变频器 STF |
| 15 | X16 | 推料一缩回限位传感器 | | | |
| 16 | X17 | 导料转出限位传感器 | | | |
| 17 | X20 | 导料原位限位传感器 | | | |
| 18 | X21 | 入料检测光电传感器 | | | |
| 19 | X22 | 料槽一检测传感器 | | | |
| 20 | X23 | 料槽二检测传感器 | | | |
| 21 | X24 | 分拣槽检测光电传感器 | | | |

（3）按实训装置气动系统图（见图 3-1）连接分装机的气路，并满足图纸提出的技术要求。

（4）正确理解任务要求，编写实训装置的 PLC 控制程序和设置变频器的参数。

**注意**：在使用计算机编写程序时，随时保存已编好的程序，保存的文件名为工位号+A（如3 号工位，文件名为"3A"）。

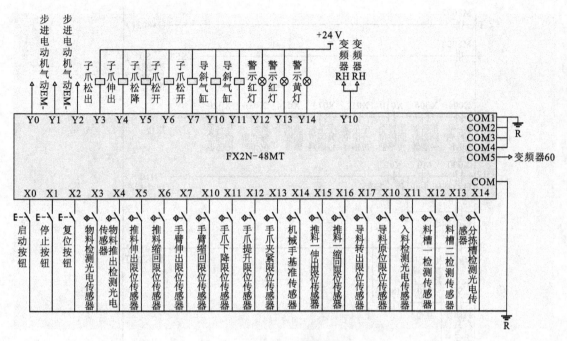

图 7-1　电气控制原理图

（5）按触摸屏界面制作和监控要求的说明，制作触摸屏的界面（如图 7-2 所示），设置和记录相关参数，实现触摸屏对光机电一体化实训考核装置的监控。

图 7-2　触摸屏监控画面

（6）调整传感器的位置和灵敏度，调整机械部件的位置，完成光机电一体化实训考核装置的整体调试。

（7）触摸屏组态界面需满足以下要求：

① PLC 运行后，若设备在原位，则停止警示灯以 1 Hz 的频率闪烁；若设备在原位，则停止警示灯以 1 Hz 的频率闪烁。

② 按下触摸屏组态画面的启动按钮，设备启动，同时设备运行警示灯长亮。

③ 若设备运行过程中缺料，则缺料警示灯以 1 Hz 的频率闪烁。

④ 按下触摸屏组态画面的停止按钮，设备停止，同时设备停止警示灯长亮。

3. 利用 SFC 编程

其梯形图初始化程序和 SFC 框图参考，如图 7-3 所示。

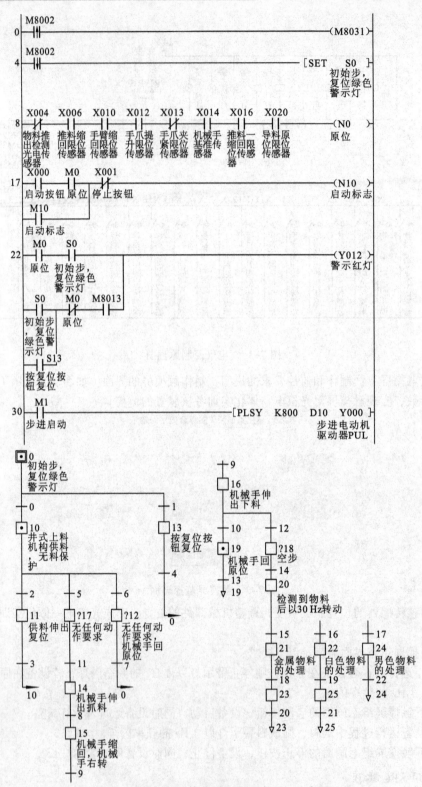

图 7-3  光机电一体化梯形图程序和 SFC 框图

## *任务实施*

1. 实训器材

实训器材（见表 7-2）。

表 7-2　实训器材一览表

| 序号 | 名　　称 | 规　　格 | 数量 | 备注 |
|---|---|---|---|---|
| 1 | 单相交流电源 | ~ 220 V、10 A | 1 处 | |
| 2 | 三相四线交流电源 | ~ 3 × 380 / 220 V、20 A | 1 处 | |
| 3 | 光机电一体化实训考核装置 | THJDME-1 型 | 1 台 | |
| 4 | 机械设备安装工具 | 活动扳手，内、外六角扳手，钢直尺，高度尺，水平尺，角度尺等 | 1 套 | |
| 5 | 电工工具 | 电工常用工具 | 1 套 | |
| 6 | 编程计算机及编程软件 | 主流计算机及安装三菱 GX Developer 编程软件 | 1 套 | |
| 7 | 静音气泵 | 自定 | 1 台 | |
| 8 | 绝缘冷压端子 | 一字形 | 1 包 | |
| 9 | 导线 | 0.75 mm² | 若干 | |
| 10 | 万用表 | 自定 | 1 只 | |
| 11 | 异形管 | 1 mm² | 1 m | |
| 12 | 扎线 | 自定 | 若干 | |
| 13 | 气管 | $\phi 3$、$\phi 5$ | 若干 | |
| 14 | 黑色记号笔 | 自定 | 1 支 | |
| 15 | 劳保用品 | 绝缘鞋、工作服等 | 1 套 | |

**注**：机电一体化实训由两名同学组成一组分工协作完成，表 7-2 中所列工具、材料和设备，仅针对一组而言，实训时应根据学生人数确定具体数量。

2. 项目任务操作步骤

（1）根据任务要求，完成机电一体化实训装置的机械安装、气路安装、电气控制原理图绘制、电气控制电路安装，变频器的设置、PLC 控制程序编写等工作；进行电气线路安装之前，首先确保设备处于断电状态，电路安装结束后，一定要进行通电前的检查，保证电路连接正确。通电之后，对输入点要进行必要的检查，以达到正常工作的需要。

（2）编辑昆仑通态 TPC7062KS 人机操作触摸屏（HMI）界面

（3）完成触摸屏对机电一体化实训装置进行运行监控的联机调试

3. 项目训练任务的组织

（1）根据授课班级人数完成学生实训教学分组；

（2）强调机电设备安装调试实训安全注意事项及 6S 管理内容；

（3）在光机电一体化实训考核装置上完成机械部件、气动元件、电气线路安装任务；

（4）完成光机电一体化实训考核装置的触摸屏界面的编辑、PLC 控制程序设计、变频器参数设置，并根据任务要求完成联机功能调试；

（5）完成一个实训工时单位前整理实训工位或工作台，使之有序整洁。

### 4. 项目训练准备注意事项

（1）实训场地应干净整洁，无环境干扰；

（2）实训场地内应设有三相电源并装有触电保护器；

（3）实训前由实训室管理人员检查各工位应准备的器材、工具是否齐全，所贴工位号是否有遗漏。

### 5. 评分标准

评分标准（见表 7-3）。

表 7-3 评 分 表

| 工作任务 | 配分 | 评分项目 | 配分 | 扣 分 标 准 | 扣分 | 得分 | 任务得分 |
|---|---|---|---|---|---|---|---|
| 设备组装及电路、气路 | 45 | 组装及调整 | 15 | 各传感器位置不符合工作要求、松动等，每处扣 2 分，最多扣 15 分 | | | |
| | | 电路连接 | 10 | 电路接线错误，每处扣 2 分，最多扣 10 分 | | | |
| | | 连接工艺 | 10 | 接线端子导线超过 2 根、导线露铜过长、布线零乱：每处扣 1 分，最多扣 10 分 | | | |
| | | 气路连接 | 10 | 漏气，调试时掉管，每处扣 0.5 分，气管过长，影响美观或安全，每处扣 1 分，最多扣 10 分 | | | |
| 程序与调试 | 45 | 红色警示灯 | 2 | 电源上电指示不正确，扣 2 分 | | | |
| | | 绿色警示灯 | 2 | 装置运行指示不正确，扣 2 分 | | | |
| | | 黄色警示灯 | 2 | 装置待料指示不正确，扣 2 分 | | | |
| | | 原始位置 | 3 | 不符合原始条件能运行系统扣 3 分 | | | |
| | | 金属工件 | 4 | 动作与要求不符，传送带速度与要求不符，气缸动作与要求不符，每处扣 2 分 | | | |
| | | 非金属件 | 4 | 动作与要求不符，传送带速度与要求不符，气缸动作与要求不符，每处扣 2 分 | | | |
| | | 触摸屏界面设计 | 8 | 触摸屏界面设计正确，设计错误，每处扣 1 分 | | | |
| | | | 10 | 触摸屏界面元件功能正确，错误，每处扣 2 分，扣完为止 | | | |
| | | | 5 | 触摸屏和 PLC 不能通信，不能用触摸屏控制 PLC 运行（而只能用按钮），扣 5 分 | | | |
| | | 按下停止按钮后，不按要求停止，扣 5 分 | | | | | |
| 安全文明操作 | 10 | 操作失误或违规操作造成器件损坏扣 5 分。恶意损坏器件取消实训成绩 | | | | | |
| | | 违反实训室规定和纪律，经指导老师警告第一次扣 5 分，第二次取消实训成绩 | | | | | |
| | | 乱摆放工具扣 2 分；乱丢杂物扣 2 分；工作台凌乱扣 5 分；完成任务后不清理工位扣 5 分，本项目 10 分扣完为止 | | | | | |
| 总得分 | | | | | | | |

**知识拓展**

## 可编程序控制器之间的通信问题概述

### 一、学习可编程序控制器联网通信知识

复杂的自动化设备（如自动化生产线），各配套功能执行件并不都是集中安装在一处，由于工业环境的恶劣，各种电气干扰的存在，其动作过程的协调运行，靠单台 PLC 很难实现控制功能，需要多台 PLC 协调工作，才能实现控制目的。这就要求 PLC 除了用于单机控制系统外，还须与其他 PLC 联网运行完成控制任务。自动化的现代工厂企业，需要 PLC 与计算机及可编程设备，如变频器、打印机、机器人等都能连接，构成数据交换的通信网络，实现网络控制与系统管理。

下面介绍 FX 系列 PLC 之间的 $N:N$ 连接知识。由于本书篇幅有限，其他网络通信及并行通信协议等知识这里不做介绍，希望学生主动查阅参考资料学习。

PLC 与 PLC 之间的通信一般采用的是并行连接技术。并行连接指 PLC 之间 1:1、1:$N$ 或 $N:N$ 的互相连接，实际上是在参与通信的各 PLC 中，各开辟出一定量的特殊继电器和数据寄存器区域作为其他 PLC 的同地址特殊继电器或数据寄存器的"映像"，这些"映像"随着通信双方的特殊继电器和数据寄存器区域数据的改变自动被刷新，由于地址的分配有严格的规定，因此各 PLC 可以通过读取本身相应的"映像"内容来获取其他 PLC 的信息。

PLC 的网络通信一般通过各种专用的网络通信模块、通信卡及相应的通信软件实现。FX2N 系列 PLC 并联连接通信模块 FX2N-485-BD 或者 FX2N-422-BD 支持 FX2N 系列 PLC 双机并联通信，可以很方便地实现两台 FX2N 系列 PLC 之间的数据和状态进行全双工的自动交换，亦可实现 FX2N 与 FX 系列 PLC 的通信。

1. $N:N$ 连接通信

$N:N$ 连接通信协议用于最多 8 台 FX 系列 PLC 的辅助继电器和数据寄存器之间的数据自动交换，其中一台为主机，其余为从机。

$N:N$ 网络中的每一台 PLC 都在其辅助继电器区和数据寄存器区分配了一块用于共享的数据区，这些辅助继电器和数据寄存器（见表 7-4 和表 7-5）。数据在确定的刷新范围内自动在 PLC 之间进行传送，刷新范围内的设备可由所有的站点监视。但数据写入和 ON/OFF 操作只在本站内有效。因此，对于某一台 PLC 的用户程序来说，在使用其他站自动传来的数据时，就如同读写自己内部的数据区一样方便。图 7-4 为 $N:N$ 网络数据传输示意图。

表 7-4　$N:N$ 网络连接时相关的辅助继电器

| 动作 | 特殊辅助继电器 | 名　　称 | 说　　明 | 响应形式 |
|------|----------------|----------|----------|----------|
| 只写 | M8038 | $N:N$ 网络参数设定 | 用于 $N:N$ 网络参数设定 | 主站，从站 |
| 只读 | M8063 | 网络参数错误 | 当主站参数错误，置 ON | 主站，从站 |
| 只读 | M8183 | 主站通信错误 | 主站通信错误，置 ON[①] | 从站 |
| 只读 | M8184 ~ M8091[②] | 从站通信错误 | 从站通信错误，置 ON | 主站，从站 |
| 只读 | M8191 | 数据通信 | 当与其他站通信，置 ON | 主站，从站 |

注：① 表示在本站中出现的通信错误数，不能在 CPU 出错状态、程序出错状态和停止状态下记录。

　　② 表示与从站号一致。例如，1 号站为 M8184、2 号站为 M8185、3 号站为 M8186。

表 7-5　$N:N$ 网络连接时相关的数据寄存器

| 动作 | 特殊数据继电器 | 名　称 | 说　明 | 响应形式 |
|---|---|---|---|---|
| 只读 | D8173 | 站号 | 存储从站站号 | 主站，从站 |
| 只读 | D8174 | 从站总数 | 存储从站总数 | 主站，从站 |
| 只读 | D8175 | 刷新范围 | 存储刷新范围 | 主站，从站 |
| 只写 | D8176 | 设定站数 | 设定站号 | 主站，从站 |
| 只写 | D8177 | 设定总从站数 | 设定从站总数 | 主站 |
| 只写 | D8178 | 设定刷新范围 | 设定刷新范围 | 主站 |
| 只写 | D8179 | 设定重试次数 | 设定重试次数 | 主站 |
| 只写 | D8180 | 超时设定 | 设定命令超时 | 主站 |
| 只读 | D8201 | 当前网络扫描时间 | 存储当前网络扫描时间 | 主站，从站 |
| 只读 | D8202 | 最大网络扫描时间 | 存储最大网络扫描时间 | 主站，从站 |
| 只读 | D8203 | 主站通信错误数 | 主站中通信错误数 | 主站 |
| 只读 | D8204 ~ D8210[②] | 从站通信错误数 | 从站中通信错误数 | 主站，从站 |
| 只读 | D8211 | 主站通信错误码 | 主站中通信错误码 | 主站 |
| 只读 | D8212 ~ 8218[②] | 从站通信错误码 | 从站中通信错误码 | 主站，从站 |

注：① 表示在本站中出现的通信错误数，不能在 CPU 出错状态、程序出错状态和停止状态下记录。

　　② 表示与从站号一致。例如，1 号从站为 D8204、D8212，2 号从站为 D8205 、D8213，3 号从站为 D8206、D8214。

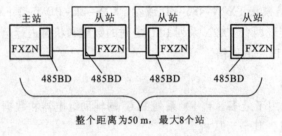

整个距离为50 m，最大8个站

图 7-4　$N:N$ 网络数据传输示意图

1）$N:N$ 连接网络的通信设置

$N:N$ 网络的设置仅当程序运行或 PLC 通电时才有效，设置内容如下：

（1）工作站号设置（D8176）：D8176 的设置范围为 0~7，主站应设置为 0，从站设置为 1~7。

（2）从站个数设置（D8177）：D8177 用于在主站中设置从站总数，从站中不须设置，设定范围为 0~7 之间的值，默认值为 7。

（3）刷新范围（模式）设置（D8178）：刷新范围是指在设定的模式下主站与从站共享的辅助继电器和数据寄存器的范围。刷新模式由主站的 D8178 来设置，可以设为 0、1 或 2 值（默认值为 0），分别代表 3 种刷新模式，从站中不须设置此值。表 7-6 是 D8178 对应的 3 种刷新模式，表 7-7 是 3 种模式设置所对应的 PLC 中辅助继电器和数据寄存器的刷新范围，这些辅助继电器和数据寄存器供各站的 PLC 共享。

例如，当 D8178 设置为模式 2 时，如果主站的 X001 要控制 7 号从站的 Y005，可以用主站的 X001 来控制它的 M1000。通过通信，各从站中的 M1000 的状态与主站的 M1000 相同。用 7 号从站的 M1000 来控制它的 Y005，这就相当于用主站的 X001 来控制 7 号从站的 Y005。

表 7-6  N:N 网络的刷新模式

| 元件 | 刷新范围 | | |
|---|---|---|---|
| | 模式 0 | 模式 1 | 模式 2 |
| | FX0N、FX1S、FX1N、FX2N 和 FX2NC | FX1N、FX2N 和 FX2NC | FX1N、FX2N 和 FX2NC |
| 位元件（M） | 0 点 | 32 点 | 64 点 |
| 字元件（D） | 4 点 | 4 点 | 8 点 |

表 7-7  3 种刷新模式对应的辅助继电器和数据寄存器

| 站号 | 刷新范围 | | | | | |
|---|---|---|---|---|---|---|
| | 模式 0 | | 模式 1 | | 模式 2 | |
| | 位元件 | 4 点字元件 | 32 点位元件 | 4 点字元件 | 64 点位元件 | 8 点字元件 |
| 1 | — | D10~D13 | M1064~M1095 | D10~D13 | M1064~M1127 | D10~D17 |
| 2 | — | D20~D23 | M1128~M1159 | D20~D23 | M1128~M1191 | D20~D27 |
| 3 | — | D30~D33 | M1192~M1223 | D30~D33 | M1192~M1255 | D30~D37 |
| 4 | — | D40~D43 | M1256~M1287 | D40~D43 | M1256~M1319 | D40~D47 |
| 5 | — | D50~D53 | M1320~M1351 | D50~D53 | M1320~M1383 | D50~D57 |
| 6 | — | D60~D63 | M1384~M1415 | D60~D63 | M1384~M1447 | D60~D67 |
| 7 | — | D70~D73 | M1448~M1479 | D70~D73 | M1448~M1511 | D70~D77 |

（4）重试次数设置（D8179）：D8179 用以设置重试次数，设定范围为 0~10（默认值为 3），该设置仅用于主站。当通信出错时，主站就会根据设置的次数自动重试通信。

（5）通信超时时间设置（D8180）：D8180 用以设置通信超时时间，设定范围为 5~255（默认值为 5），该值乘 10 ms 就是通信超时时间。该设置限定了主站与从站之间的通信时间。

2）N:N 网络通信举例

【例 7-1】编制 N:N 网络参数的主站设定程序。

如图 7-5 所示是 N:N 网络参数的主站设定程序。从站无须设定程序，数据在确定的刷新范围内自动在 PLC 之间进行传送（映像），无须编程。

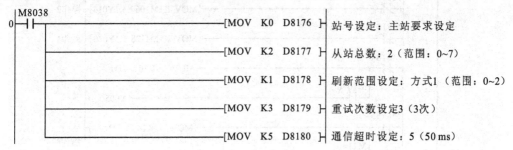

图 7-5  N:N 网络参数的主站设定程序

【例 7-2】有 3 台 FX2N 系列 PLC 通过 N:N 并行通信网络交换数据，设计其通信程序。该网络的系统配置如图 7-6 所示。

该并行网络的初始化设定程序的要求如下：

（1）刷新范围：32 位元件和 4 字元件（模式 1）；

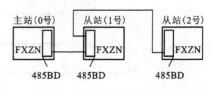

图 7-6  1:2 PLC 并行网络连接

（2）重试次数：3 次；

（3）通信超时：50 ms。

该并行网络的通信操作要求如下：

（1）通过 M1000~M1003，用主站的 X000~X003 来控制 1 号从站的 Y010~Y013；

（2）通过 M1064~M1067，用 1 号从站的 X000~X003 来控制 2 号从站的 Y014~Y017；

（3）通过 M1128~M1131，用 2 号从站的 X000~X003 来控制主站的 Y020~Y023；

（4）主站的数据寄存器 D1 为 1 号从站的计数器 C1 提供设定值。C1 的触点状态由 M1070 映射到主站的输出点 Y005；

（5）主站的数据寄存器 D2 为 2 号从站的计数器 C2 提供设定值。C2 的触点状态由 M1140 映射到主站的输出点 Y006；

（6）1 号从站 D10 的值和 2 号从站 D20 的值在主站中相加，运算结果存放到主站的 D3 中；

（7）主站中的 D0 和 2 号从站中 D20 的值在 1 号从站中相加，运算结果存入 1 号从站 D11；

（8）主站中的 D0 和 1 号从站中 D10 的值在 2 号从站中相加，运算结果存入 2 号从站 D21。

实现与程序：设计满足上述通信要求的通信程序，首先应对主站、从站 1 和从站 2 的通信参数进行设置（见表 7-8），其主站的通信参数设定程序如图 7-5 所示。图 7-7、图 7-8 和图 7-9 分别是主站、从站 1 和从站 2 的通信程序。

表 7-8　例 7-2 中的主站、从站 1 和从站 2 的通信参数设置

| 通信参数 | 主站 | 从站 1 | 从站 2 | 说　　明 |
|---|---|---|---|---|
| D8176 | K0 | K1 | K2 | 站号 |
| D8177 | K2 | | | 总从站数：2 个 |
| D8178 | K1 | | | 刷新范围：模式 1 |
| D8179 | K3 | | | 重试次数：3 次（默认） |
| D8180 | K5 | | | 通信超时：50 ms（默认） |

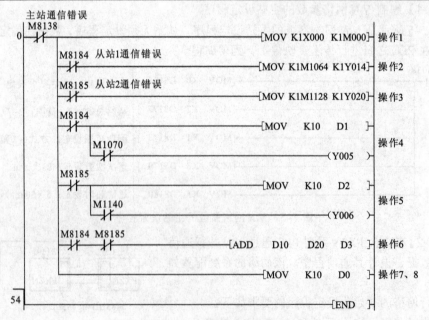

图 7-7　主站的通信程序

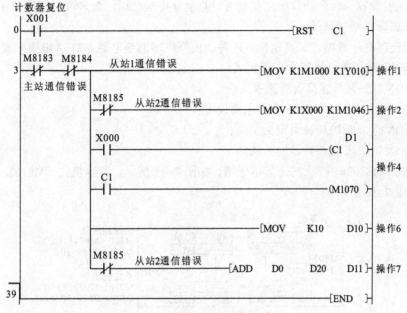

图 7-8　从站 1 的通信程序

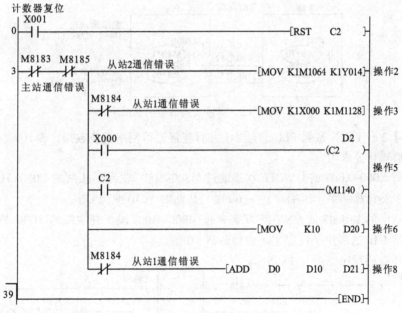

图 7-9　从站 2 的通信程序

## 2．双机并行连接通信

双机并行连接是指使用 RS-485 通信适配器或功能扩展板连接两台 FX 系列 PLC（即 1:1 方式）以实现两 PLC 之间的信息自动交换（见图 7-10），其中一台 PLC 作为主站，另一台 PLC 作为从站。双机并行连接方式下，用户无须编写通信程序，只须设

图 7-10　双机并行连接

置与通信有关的参数，两台计算机之间就可以自动地传送数据。最多可以连接 100 点辅助继电器和 10 点数据寄存器的数据。

1:1 并行连接有一般模式和高速模式两种，由特殊辅助继电器 M8162 识别模式：

M8162=OFF 时，并行连接为一般模式；

M8162=ON 时，并行连接为高速模式。

主从站分别由 M8070 和 M8071 继电器设定：

M8070=ON 时，该 PLC 被设定为主站；

M8071=ON 时，该 PLC 被设定为从站。

一般模式（M8162=OFF）的通信示意图，如图 7-11 所示。高速模式（M8162=ON）的通信示意图，如图 7-12 所示。

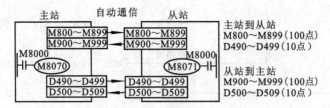

图 7-11 一般模式通信示意图

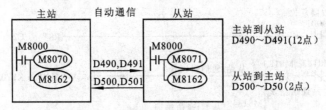

图 7-12 高速模式通信示意图

【例 7-3】2 台 FX2N 系列 PLC 通过 1:1 并行连接通信网络交换数据，设计其一般模式的通信程序。通信操作要求为

（1）主站 X000~X007 的 ON/OFF 状态通过 M800~M807 输出到从站的 Y000~Y007；

（2）当主站计算结果（D0+D2）≤100 时，从站的 Y010 变为 ON；

（3）从站中的 M0~M7 的 ON/OFF 状态通过 M000~M007 输出到主站的 Y000~Y007；

（4）从站 D10 的值用于设定主站的计时器(T0)值。

主站与从站的程序如图 7-13 所示。

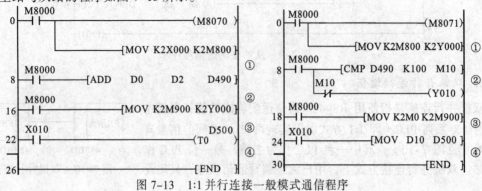

图 7-13 1:1 并行连接一般模式通信程序

【例 7-4】2 台 FX2N 系列 PLC 通过 1:1 并行连接通信网络交换数据，设计其高速模式的通信程序。通信操作要求为：

（1）当主站的计算结果(D0+D2)≤100 时，从站 Y010 变 ON；

（2）从站的 D10 的值用于设定主站的计时器(T0)值。

图 7-14 所示为并行连接高速模式通信程序。

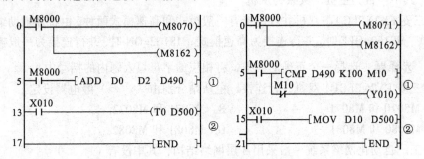

图 7-14　1:1 并行连接高速模式通信程序

## 二、工业企业自动化网络结构介绍

工厂自动化网络系统一般采用三层网络结构。

### 1. 现场设备层

现场设备层的主要功能是连接现场设备。例如，远程分布式 I/O、各种传感器、驱动器（例如，步进驱动器、伺服驱动器）、执行机构和开关设备等，完成现场设备控制。主站（PLC、PC 或其他控制器）负责总线通信管理以及与从站的通信。总线上所有设备总的生产工艺控制过程的程序存储在主站中，由主站执行，从站完成各自站点不同控制对象的控制过程及程序的执行。

### 2. 车间监控层

车间监控层又称为单元层，用来完成车间生产设备之间的连接，实现车间级设备的监控。车间级设备的监控包括生产设备的在线监控、设备故障报警及维护等。通常还具备如生产统计、生产调度等车间级生产管理功能。车间级监控通常要设立车间监控室，有操作员工作站及打印设备。车间级监控一般采用工业以太网。数据传输速率要求不高，但应能传送大量的信息。

### 3. 工厂管理层

车间操作员工作站可以通过交换机与车间办公管理网连接，将车间生产数据传送到车间管理层。车间管理网作为工厂主网的一个子网，通过交换机、网桥或路由器等连接到厂区骨干网，将车间数据集成到工厂管理层。工厂管理层通常采用符合 IEC 802.3 标准的以太网。

通过通信网络，PLC 与现场设备之间及各站点之间，可以周期性地自动交换数据（过程映像数据交换）。在自动化系统之间，PLC 与计算机、HMI（人机接口）之间，均可交换数据。数据通信可以周期性地自动进行，或者基于事件驱动。

## 思考与练习

**一、判断题**（将判断结果填入括号中。正确的填"√"，错误的填"×"）

1. *N*:*N* 连接通信协议用于最多 8 台 FX 系列 PLC 的辅助继电器和数据寄存器之间的数据自动交换，其中一台为主机，其余为从机。（　　　）

2. 三菱 FX2NPLC 1:1 双机并行链接有一般模式和高速模式两种，由特殊辅助继电器 M8162 识别模式：M8162=OFF 时，并行连接为高速模式；M8162=ON 时，并行连接为一般模式。（　　　）

**二、选择题**（选择一个正确的答案，将相应的字母填入题内的括号中）

1. 三菱 FX2NPLC1:1 双机并行连接，主从站分别由（　　　）继电器设定。

A. M8070 和 M8071 　　　　　　　B. M8071 和 M8072

C. M8080 和 M8081 　　　　　　　D. M8081 和 M8082

2. 工厂自动化网络系统一般采用 3 层网络结构，其中没有（　　　）。

A. 现场设备层 　　　　　　　　　B. 产品质量检测监控层

C. 车间监控层 　　　　　　　　　D. 工厂管理层

**三、思考题**

1. 简述 PLC 与 PLC 之间的并行连接技术。

2. 简述工厂自动化网络系统三级网络结构的现场设备层。

# 附 录 A

任务案例

## 任务案例一

基于 PLC 数字量方式多段速控制。

## 任务分析

### 1. 控制要求

正确设置变频器输出的额定频率、额定电压、额定电流、额定功率、额定转速。通过 PLC 控制变频器外部端子。闭合开关"SA1"，变频器每过一段时间（10 s）自动变换一种输出频率，断开开关 SA1 电动机停止；开关 SA2、SA3、SA4、SA5 按不同的方式组合闭合，可手动输出 15 种不同的频率。运用操作面板，改变电动机运行的加减速时间。

### 2. 控制线路原理图（见图 A-1）及 PLC I/O 地址对照表（见表 A-1）

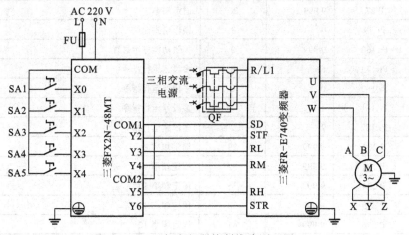

图 A-1　PLC 与变频器控制线路原理图

表 A-1　PLC I/O 对照表格

| 输　入　信　号 | | 输　出　信　号 | |
|---|---|---|---|
| 开关 SA1 | PLC 端子 X0 | Y2 | 变频器 STF 端子 |
| 开关 SA2 | PLC 端子 X1 | Y3 | 变频器 RL 端子 |
| 开关 SA3 | PLC 端子 X2 | Y4 | 变频器 RM 端子 |
| 开关 SA4 | PLC 端子 X3 | Y5 | 变频器 RH 端子 |
| 开关 SA5 | PLC 端子 X4 | Y6 | 变频器 STR 端子 |

## 任务实施

项目实训电路的安装调试及组织。

1. 操作步骤

（1）检查实训设备、器材是否齐全。

（2）按照变频器控制电路原理图完成电气接线，认真检查，确保正确无误。

（3）打开电源开关，按照变频器参数功能表正确设置变频器参数（见表 A-2）。

表 A-2 变频器参数功能表

| 序号 | 变频器参数 | 出厂值 | 设定值 | 功　能　说　明 |
|---|---|---|---|---|
| 1 | Pr.1 | 120 | 50 | 上限频率（50 Hz） |
| 2 | Pr.2 | 0 | 0 | 下限频率（0 Hz） |
| 3 | Pr.4 | 50 | 5 | 固定频率 1 |
| 4 | Pr.5 | 30 | 10 | 固定频率 2 |
| 5 | Pr.6 | 10 | 15 | 固定频率 3 |
| 6 | Pr.7 | 5 | 5 | 加速时间（5 s） |
| 7 | Pr.8 | 5 | 5 | 减速时间（5 s） |
| 8 | Pr.9 | 0 | 0.35 | 电子过电流保护（0.35 A） |
| 9 | Pr.24 | 9 999 | 18 | 固定频率 4 |
| 10 | Pr.25 | 9 999 | 20 | 固定频率 5 |
| 11 | P 26 | 9 999 | 23 | 固定频率 6 |
| 12 | P 27 | 9 999 | 26 | 固定频率 7 |
| 13 | Pr.79 | 0 | 3 | 操作模式选择 |
| 14 | Pr.160 | 9 999 | 0 | 扩张功能显示选择 |
| 15 | Pr.179 | 61 | 8 | 多段速运行指令 |
| 16 | Pr.180 | 0 | 0 | 多段速运行指令 |
| 17 | Pr.181 | 1 | 1 | 多段速运行指令 |
| 18 | Pr.182 | 2 | 2 | 多段速运行指令 |
| 19 | P 232 | 9 999 | 29 | 固定频率 8 |
| 20 | P 233 | 9 999 | 32 | 固定频率 9 |
| 21 | P 234 | 9 999 | 35 | 固定频率 10 |
| 22 | P 235 | 9 999 | 38 | 固定频率 11 |
| 23 | P 236 | 9 999 | 41 | 固定频率 12 |
| 24 | P 237 | 9 999 | 44 | 固定频率 13 |
| 25 | P 238 | 9 999 | 47 | 固定频率 14 |
| 26 | P 239 | 9 999 | 50 | 固定频率 15 |

（4）打开示例程序或用户自己编写的控制程序进行编译，有错误时根据提示信息修改，直至无误，用 SC-09 通信编程电缆连接计算机串口与 PLC 通信口，打开 PLC 主机电源开关，下载程序至 PLC 中，下载完毕后将 PLC 的 RUN/STOP 开关拨至 RUN 状态。示例程序如图 A-2 所示。

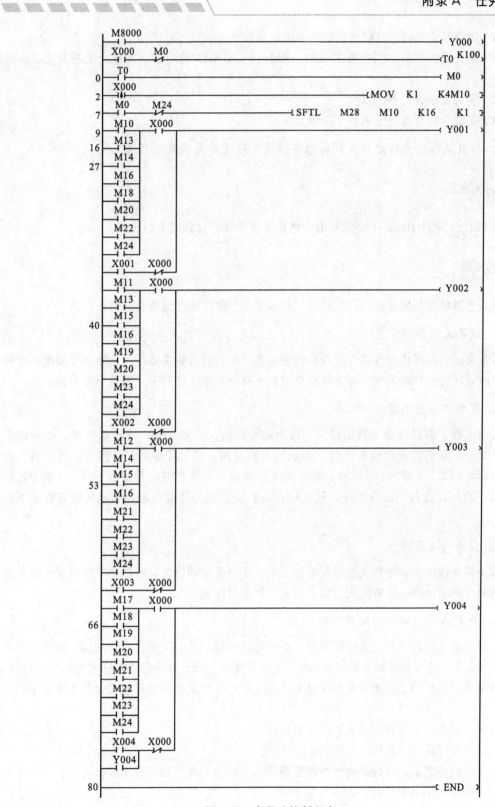

图 A-2 多段速控制程序

（5）闭合开关 SA1，观察并记录电动机的运转情况。

（6）断开开关 SA1，切换开关 SA2、SA3、SA4、SA5 的通断，观察并记录电动机的运转情况。

（7）实训完毕进行 6S 整理。

（8）实训器材清单参见项目 2 内容。

2. 项目训练任务的组织及训练准备注意事项（参见项目 2 任务 2）

## 任务案例二

用 PLC 控制 THJDME-1 型光机电一体化实训考核装置井式上料机构。

## 任务分析

井式上料机构利用送料气缸实现将工件从井式工件库中送到物料存放台。

1. 设备启动前的状态

设备在运行前应检查各部件是否在初始位置，是否能按要求运行。初始位置要求：送料气缸处于缩回状态；井式工件库有工件存在，如不符合初始位置要求，设备不能启动。

2. 设备各装置正常工作流程

接通电源，若设备处于初始位置，按下启动按钮，设备启动，指示灯长亮，指示设备处于工作状态。若存放料台没有工件，则送料气缸动作，将工件推到存放料台，当送料气缸伸出到位后延时 0.5 s 缩回，待存放料台上的工件被取走后送料气缸再推出下一个工件；若设备启动后，物料存放台上已有工件，只有待存放料台上的工件被取走后送料气缸再推出下一个工件。

3. 设备的正常停止

按下停止按钮，若送料气缸处于缩回状态，则设备立即停止；若送料气缸处于推料状态，则等送料气缸缩回后，设备停止。设备停止后指示灯熄灭。

4. 井式工件库缺料的处理

设备在工作过程中井式工件库缺料，则蜂鸣器鸣叫，若 15 s 仍没有检测到工件进入井式工件库，则设备停止工作，蜂鸣器停止鸣叫，指示灯熄灭，只有再按启动按钮才能再次启动设备。

根据生产设备的工作要求在 THJDME-1 型光机电一体化实训考核装置设备上完成下列工作任务：

（1）在铝合金工作台上组装井式上料机构；

（2）连接井式上料机构的气路；

（3）画出井式上料机构的电气控制原理图，并按照电气控制原理图连接线路；

（4）编写 PLC 控制的生产设备工作程序；

（5）运行并调试程序，达到生产设备的工作要求。

## 任务实施

1. 绘制电气控制原理图

1）确定 PLC 的输入/输出点数

根据工作任务的要求，送料气缸有两个磁性开关，两个光电传感，工作过程还需要一个启动按钮和一个停止按钮，所以一共有六个输入信号，共需 PLC 的六个输入点。

工作过程需要驱动单电控电磁阀一只，工作指示灯一只，蜂鸣器一只，所以一共有三个输出信号，共需 PLC 的三个输出点。参考的输入/输出地址分配表（见表 A-3）。

表 A-3 PLC 输入/输出地址表

| 输入 | 说　明 | 输出 | 说　明 |
|---|---|---|---|
| X0 | 启动按钮 | Y0 | 物料推出 |
| X1 | 停止按钮 | Y1 | 工作指示灯 HL2 |
| X2 | 推料缩回限位传感器 | Y2 | 蜂鸣器 HA |
| X3 | 推料伸出限位传感器 | | |
| X4 | 物料检测光电传感器 | | |
| X5 | 物料推出检测光电传感器 | | |

2）绘制电气控制原理图

由工作任务要求可知，绘制出 PLC 的电气控制原理图，参考电路如图 A-3 所示。

**注意**：绘制电气控制原理图时除要求原理正确外，所用元器件的图形符号应符合国家标准。绘制的电气控制原理图要规范，图中所用元器件应加注必要的文字说明。

2. 按照井式上料机构安装图安装机械部件（如项目 1 图 1-4 所示）。

3. 根据电气控制原理图和气路图安装电路和气路

1）根据电气控制原理图和气路图安装电路和气路

进行电气线路安装之前，首先确保设备处于断电状态，然后根据以下步骤和方法进行电气线路的安装。

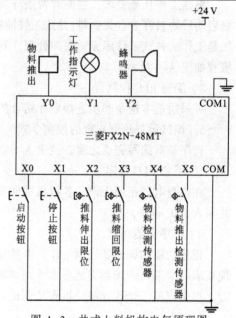

图 A-3 井式上料机构电气原理图

（1）将单控电磁阀的控制线连接到接线端子排的合适位置上。

（2）将各传感器的信号线连接到接线端子排的合适位置上。

（3）按照电气控制原理图连接 PLC 的输入、输出回路。

（4）最后连接各模块的电源线和 PLC 的通信线。

根据项目 3 图 3-1 安装井式上料机构气路。

2）电路检查

（1）通电前的检查。电路安装结束后，一定要进行通电前的检查，保证电路连接正确，外露铜线不过长，一个接线端子上没有超过两根连接线等不符合工艺要求的情况。另外，还要检查输入回路传感器的接线正确性，以防错误接线后加电造成传感器的损坏。还要检查输出回路有无短路现象。

（2）通电后检查和调整。在检查电路连接满足工艺要求，并且电路连接正确、无短路故障后，可接通电源，按以下步骤进行检查和调整。

① 检查各输入点是否正常，可观察 PLC 的输入指示灯状态，对于磁性开关，可控制气缸的位置检查限位的准确性。

② 对于光电传感器，用物料来检查是否正常，观察光电传感器的指示灯是否点亮，放上工件后，对应的 PLC 输入点是否有输入信号；再将工件取走，观察光电传感器的指示灯是否熄灭，对应的 PLC 输入信号是否消失，同时，调整其灵敏度以达到工作要求。

③ 检查按钮回路是否正常。可通过按动按钮观察 PLC 输入点的信号变化来检查。

④ 对于输出回路正确性检查，一般是在程序调试时观察 PLC 输出点的信号与输出控制设备的动作情况来判断。

4. 根据工作任务要求编写 PLC 控制程序

1）分析工作要求

根据工作任务要求，主要有两条分支：一是启动后物料存放台无物料，并式工件库有料；二是工作后并式工件库无物料的处理。其工作流程如图 A-4 所示。

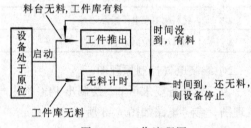

图 A-4　工作流程图

2）编写 PLC 控制程序

可采用基本指令和步进指令相结合的编程方法编写，运行的参考程序如图 A-5 所示。

5. 调试设备达到规定的控制要求

程序基本编写完成之后，就进入下载调试阶段。

1）下载 PLC 程序

在检查电路正确无误，各机械部件安装符合要求，程序已编写结束并检查无误后通过串口线写入 PLC 程序。

2）程序功能调试

程序功能的调试要根据工作任务的要求，一步一步进行，边调试边调整程序，最终达到功能要求。如果每一步都满足要求，则说明程序完全符合工作要求，如果有不满足控制要求的地方，根据现象，修改程序后再重新调试。

6. 6S 整理

实训完毕进行 6S 整理。

7. 实训器材清单

参见项目 4 中的内容。

8. 项目训练任务的组织及训练准备注意事项

参见项目 4 任务 2。

| | |
|---|---|
| 0 ─┤M8002├──────────────────────(M8031) | M8031驱动，清除PLC非失电保持内存。 |
| 4 ─┤M8002├──────────────[SET　SO] | 进入初始状态。 |
| 8 ─┤X002├─┤X004├─┤X000├─┤/X001├──(M10)<br>　　─┤M10├ | 设备在原位启动，启动铺助继电M10得电。 |
| 14 ─┤M10├──────────────[SET　M1] | 指示灯用辅助机电器。 |
| 16 ─┤M1├──────────────────(Y001) | 工作运行指示灯。 |
| 18 ──────────────────[STL　SO] | 初始步。 |
| 19 ─┤/M10├─────────────[RST　M1] | 选择性分支，启动后料台无料，工件库有料进入S20; |
| 21 ─┤/X005├─┤X004├─┤M10├──[SET　S20] | |
| 26 ─┤/X004├─┤M10├────────[SET　S30] | 运行后工件库无料进入S30。 |
| 30 ──────────────────[STL　S20] | |
| 31 ──────────────────────(Y000)<br>　　　　　　　　　　　　　K5 | 工件推出步。 |
| 32 ─┤X003├──────────────────(T0) | |
| 36 ─┤T0├──────────────[SET　S22] | 工件推出后缩回步，由于为单作用气缸，YO失电后气缸自动缩回，所以该步无驱动元件。 |
| 39 ──────────────────[STL　S22] | |
| 40 ─┤X002├──────────────[SET　S0] | |
| 43 ──────────────────[STL　S30] | |
| 44 ──────────────────────(Y002)<br>　　　　　　　　　　　　　K150 | 运行后工件我料报警并计时。 |
| 　　────────────────────(T1) | |
| 48 ─┤X004├─┤/T1├──────────[SET　S0] | 无料处理选择性分支，分为计时未到工件库有料和计时到了工作库无料。 |
| 52 ─┤/X004├─┤T1├──────────[SET　S32] | |
| 56 ──────────────────[STL　S32] | |
| 57 ──────────────────[RST　M10] | 计时到了工件库无料停机的处理。 |
| 58 ─┤/M10├──────────────[SET　S0] | |
| 61 ──────────────────────[RET] | 集中返回 |
| 62 ──────────────────────[END] | 程序结束 |

图 A-5　并式上料机构样例程序

# 附录 B

## 变频器的基本参数介绍

变频器的参数很多，一般都有数十甚至上百个参数供用户选择。例如，三菱 FR-E740 有一百多个参数（见表 B-1）。要对变频器进行操作，必须正确地设定有关参数，所以必须熟悉参数的作用。当然，在实际应用中，很多只要采用出厂设定值即可。

表 B-1　三菱 FR-E740 一些常用的参数

| 功能 | 参数号 | 名　称 | 设定范围 | 最小设定单位 | 出厂设定 | 备　注 |
|---|---|---|---|---|---|---|
| 基本功能 | 0 | 转矩提升 | 0%～30% | 0.1% | 6%/4%/3% | 0 Hz 时的输出电压以%设定（6%：0.75 kW 以下/4%：1.5～3.7 kW/3%：5.5 kW、7.5 kW） |
| | 1 | 上限频率 | 0～120 Hz | 0.01 Hz | 120 Hz | |
| | 2 | 下限频率 | 0～120 Hz | 0.01 Hz | 0 Hz | |
| | 3 | 基准频率 | 0～400 Hz | 0.01 Hz | 50 Hz | 电动机额定频率 |
| | 4 | 多速设定（高速） | 0～400 Hz | 0.01 Hz | 50 Hz | |
| | 5 | 多速设定（中速） | 0～400 Hz | 0.01 Hz | 30 Hz | |
| | 6 | 多速设定（低速） | 0～400 Hz | 0.01 Hz | 10 Hz | |
| | 7 | 加速时间 | 0～3 600 s/360 s | 0.1 s/0.01 s | 5 s/10 s | |
| | 8 | 减速时间 | 0～3 600 s/360 s | 0.1 s/0.01 s | 5 s/10 s | |
| | 9 | 电子过电流保护 | 0～500 A | 0.01 A | 额定输出电流 | |
| 直流制动功能 | 10 | 直流制动动作频率 | 0～120 Hz | 0.01 Hz | 3 Hz | |
| | 11 | 直流制动动作时间 | 0.1～10 s | 0.1 s | 0.5 s | |
| | 12 | 直流制动动作电压 | 0.1%～30% | 0.1% | 4% | |
| | 13 | 启动频率 | 0～60 Hz | 0.01 Hz | 0.5 Hz | |
| | 14 | 适用负荷选择 | 0～3 | 1 | 0 | |
| | 15 | 点动频率 | 0～400 Hz | 0.01 Hz | 5 Hz | |
| | 16 | 点动加减速时间 | 0～3 600 s/360 s | 0.1 s/0.01 s | 0.5 s | |
| | 18 | 高速上限频率 | 120～400 Hz | 0.01 Hz | 120 Hz | |
| | 19 | 基准频率电压 | 0～1 000 V,8 888,9 999 | 0.1 V | 9 999 | 设定为 8888 时，为电源电压的 95%，设定为 9999 时，与电源电压相同 |

续表

| 功能 | 参数号 | 名　　称 | 设定范围 | 最小设定单位 | 出厂设定 | 备　　注 |
|---|---|---|---|---|---|---|
| 直流制动功能 | 20 | 加减速基准频率 | 1～400 Hz | 0.01 Hz | 50 Hz | |
| | 21 | 加减速时间单位 | 0, 1 | 1 | 0 | |
| | 24 | 多段速度设定（速度 4） | 0～400 Hz, 9 999 | 0.01 Hz | 9 999 | |
| | 25 | 多段速度设定（速度 5） | 0～400 Hz, 9 999 | 0.01 Hz | 9 999 | |
| | 26 | 多段速度设定（速度 6） | 0～400 Hz, 9 999 | 0.01 Hz | 9 999 | |
| | 27 | 多段速度设定（速度 7） | 0～400 Hz, 9 999 | 0.01 Hz | 9 999 | |
| | 29 | 加减速曲线 | 0, 1, 2 | 1 | 0 | |
| | 31 | 频率跳变 1A | 0～400 Hz, 9 999 | 0.01 Hz | 9 999 | |
| | 32 | 频率跳变 1B | 0～400 Hz, 9 999 | 0.01 Hz | 9 999 | |
| | 33 | 频率跳变 2A | 0～400 Hz, 9 999 | 0.01 Hz | 9 999 | |
| | 34 | 频率跳变 2B | 0～400 Hz, 9 999 | 0.01 Hz | 9 999 | |
| | 35 | 频率跳变 3A | 0～400 Hz, 9 999 | 0.01 Hz | 9 999 | |
| | 36 | 频率跳变 3B | 0～400 Hz, 9 999 | 0.01 Hz | 9 999 | |
| 运行选择功能 | 77 | 参数写入禁止选择 | 0, 1, 2 | 1 | 0 | |
| | 79 | 运行模式选择 | 0～4, 6～7 | 1 | 0 | |
| 端子安排功能 | 180 | RL 端子功能选择 | 0～5、7、8、10、12、14～16、18、24、25、62、65～67、9 999 | 1 | 0 | |
| | 181 | RM 端子功能选择 | | 1 | 1 | |
| | 182 | RH 端子功能选择 | | 1 | 2 | |
| | 183 | MRS 端子功能选择 | | 1 | 24 | |
| | 184 | RES 端子功能选择 | | 1 | 62 | |
| | 190 | RUN 端子功能选择 | 0、1、3、4、7、8、11～16、20、25、26、46、47、64、90、91、95、96、98、99、100、101、103、104、107、108、111～116、120、125、126、146、147、164、190、191、195、196、198、199、9 999 | 1 | 0 | |
| | 191 | FU 端子功能选择 | | 1 | 4 | |
| | 192 | A, B, C 端子功能选择 | | 1 | 99 | |
| 多段速度运行 | 232 | 多段速度设定（8 速） | 0～400 Hz, 9 999 | 0.01 Hz | 9 999 | |
| | 233 | 多段速度设定（9 速） | 0～400 Hz, 9 999 | 0.01 Hz | 9 999 | |
| | 234 | 多段速度设定（10 速） | 0～400 Hz, 9 999 | 0.01 Hz | 9 999 | |
| | 235 | 多段速度设定（11 速） | 0～400 Hz, 9 999 | 0.01 Hz | 9 999 | |
| | 236 | 多段速度设定（12 速） | 0～400 Hz, 9 999 | 0.01 Hz | 9 999 | |
| | 237 | 多段速度设定（13 速） | 0～400 Hz, 9 999 | 0.01 Hz | 9 999 | |
| | 238 | 多段速度设定（14 速） | 0～400 Hz, 9 999 | 0.01 Hz | 9 999 | |
| | 239 | 多段速度设定（15 速） | 0～400 Hz, 9 999 | 0.01 Hz | 9 999 | |

# 附 录 C

## FX2NPLC 内部资源表

FX2NPLC 内部资源表，如表 C-1 所示。

表 C-1　FX2NPLC 内部资源表

| 运算控制方式 | | | 储存程序反复运算方法（专用 LSI），中断命令 | |
|---|---|---|---|---|
| 输入继电器（扩展和用时） | | | X000～X267(八进制)184点 | 合计最大 256 点 |
| 输出继电器（扩展和用时） | | | Y000～Y267(八进制)184点 | |
| 辅助继电器 | 一般用 | | M000～M499[①]500点 | 合计 2572 点 |
| | 锁存用 | | M500～M1023[②]524 点，M1024～M3071[③]2048 点 | |
| | 特殊用 | | M8000～M8255　256点 | |
| 状态寄存器 | 初始化用 | | S0～S9　10点 | |
| | 一般用 | | S10～S499　　490点 | |
| | 锁存用 | | S500～S899[②]　400点 | |
| | 报警用 | | S900～S999[③]　100点 | |
| 定时器 | 100 ms | | T0～T199（0.1～3 276.7 s）200点 | |
| | 10 ms | | T200～T245（0.01～327.67 s）46点 | |
| | 1 ms（积算型） | | T246～T249（0.001～32.767 s）4点 | |
| | 100 ms（积算型） | | T250～T255（0.1～32.767 s）6点 | |
| | 模拟定时器（内附） | | 1 点[①] | |
| 计数器 | 增计数 | 一般用 | C0～C99[①]（0～32 767）（16 位）　100点 | |
| | | 锁存用 | C100～C199[②]（0～32 767）（16 位）　　100点 | |
| | 增/减计数器 | 一般用 | C220～C234[①]（32 位）　20点 | |
| | | 锁存用 | C220～C234[②]（32 位）　15点 | |
| | 高速用 | | C235～C255 中有：1 相 60 kHz 2 点，10 kHz 4 点或 2 相 30 kHz 1 点，5 kHz 1 点 | |
| 数据寄存器 | 通用数据寄存器 | 一般用 | D0～D199[①]（16 位）200点 | |
| | | 锁存用 | D200～D511[②]（16 位）312 点，D512～D7999[③]（16 位）7 488 点 | |
| | 特殊用 | | D8000～D8195（16 位）106 点 | |
| | 变址用 | | V0～V7，Z0～Z7（16 位）16点 | |
| | 文件寄存器 | | 通用寄存器的 D1000[③]以后可每 500 点为单位设定文件寄存器（MAX7 000 点） | |
| 指针 | 跳转、调用 | | P0～P127　128点 | |
| | 输入中断、计时中断 | | I0□□～I8□□　9点 | |
| | 计数中断 | | I 010～I 060　6点 | |
| | 嵌套（主控） | | N0～N7　8点 | |

| 运算控制方式 | | 储存程序反复运算方法（专用 LSI），中断命令 |
|---|---|---|
| 常数 | 十进制 K | 16 位：−32 768～+32 767；32 位：−2 147 483 648～+2 147 483 647 |
| | 十六进制 H | 16 位：0～FFFF（H）；32 位：0～FFFFFFFF（H） |
| SFC 程序 | | 0 |
| 注释输入 | | 0 |
| 内附 RUN/STOP 开关 | | 0 |
| 模拟定时器 | | FX2N-8AV-BD（选择）安装时 8 点 |
| 输入滤波器调整 | | X000～X017　0～60 ms 可变；FX2N-16M　X000～X007 |
| 脉冲列输出 | | 20 KHz/DC 5 V 或 10 KHz/DC 12 V～24 V　1 点 |

注：① 非后备锂电池保持区，通过参数设置，可改为后备锂电池保持区。

　　② 后备锂电池保持区，通过参数设置，可改为非后备锂电池保持区。

　　③ 后备锂电池固定保持区固定，该区域特性不可改变。

# 附 录 D

## FX2NPLC 功能指令表

FX2NPLC 功能指令表，如表 D-1 所示。

表 D-1　FX2NPLC 功能指令表

| 分类 | FNC No. | 指令符号 | 功　　能 | D 指令 | P 指令 | 备注 |
|------|---------|----------|----------|--------|--------|------|
| 程序流 | 00 | CJ | 有条件跳转 | — | ○ | |
| | 01 | CALL | 子程序调用 | — | ○ | |
| | 02 | SRET | 子程序返回 | — | — | |
| | 03 | IRET | 中断返回 | — | — | |
| | 04 | EI | 开中断 | — | — | |
| | 05 | DI | 关中断 | — | — | |
| | 06 | FEND | 主程序结束 | — | — | |
| | 07 | WDT | 监视定时器刷新 | — | ○ | |
| | 08 | FOR | 循环区起点 | — | | |
| | 09 | NEXT | 循环区终点 | — | | |
| 传送比较 | 10 | CMP | 比较 | ○ | ○ | |
| | 11 | ZCP | 区间比较 | ○ | ○ | |
| | 12 | MOV | 传送 | ○ | ○ | |
| | 13 | SMOV | 移位传送 | — | ○ | |
| | 14 | CML | 反向传送 | ○ | ○ | |
| | 15 | BMOV | 块传送 | — | ○ | |
| | 16 | FMOV | 多点传送 | ○ | ○ | |
| | 17 | XCH | 交换 | ○ | ○ | |
| | 18 | BCD | BCD 转换 | ○ | ○ | |
| | 19 | BIN | BIN 转换 | ○ | ○ | |
| 四则逻辑运算 | 20 | ADD | BIN 加 | ○ | ○ | |
| | 21 | SUB | BIN 减 | ○ | ○ | |
| | 22 | MUL | BIN 乘 | ○ | ○ | |
| | 23 | DIV | BIN 除 | ○ | ○ | |
| | 24 | INC | BIN 增 1 | ○ | ○ | |
| | 25 | DEC | BIN 减 1 | ○ | ○ | |
| | 26 | WAND | 逻辑字 "与" | ○ | ○ | |

| 分类 | FNC No. | 指令符号 | 功　能 | D 指令 | P 指令 | 备注 |
|---|---|---|---|---|---|---|
| 四则逻辑运算 | 27 | WOR | 逻辑字"或" | ○ | ○ | |
| | 28 | WXOR | 逻辑字"异或" | ○ | ○ | |
| | 29 | NEG | 求补码 | ○ | ○ | |
| 旋转位移 | 30 | ROR | 循环右移 | ○ | ○ | |
| | 31 | ROL | 循环左移 | ○ | ○ | |
| | 32 | RCR | 带进位右移 | ○ | ○ | |
| | 33 | RCL | 带进位左移 | ○ | ○ | |
| | 34 | SFTR | 位右移 | — | ○ | |
| | 35 | SFTL | 位左移 | — | ○ | |
| | 36 | WSFR | 字右移 | — | ○ | |
| | 37 | WSFL | 字左移 | — | ○ | |
| | 38 | SFWR | "先进先出"写入 | — | ○ | |
| | 39 | SFRD | "先进先出"读出 | — | ○ | |
| 数据处理 | 40 | ZRST | 区间复位 | — | ○ | |
| | 41 | DECO | 解码 | — | ○ | |
| | 42 | ENCO | 编码 | — | ○ | |
| | 43 | SUM | ON 位总数 | ○ | ○ | |
| | 44 | BON | ON 位判别 | ○ | ○ | |
| | 45 | MEAN | 平均值 | ○ | ○ | |
| | 46 | ANS | 报警器置位 | — | — | |
| | 47 | ANR | 报警器复位 | — | — | |
| | 48 | SOR | BIN 平方根 | ○ | ○ | |
| | 49 | FLT | 浮点数与十进制间转换 | ○ | ○ | |
| 高速处理 | 50 | REF | 刷新 | — | ○ | |
| | 51 | REFE | 刷新和滤波调整 | — | ○ | |
| | 52 | MTR | 矩阵输入 | — | — | |
| | 53 | HSCS | 比较置位（高速计数器） | ○ | — | |
| | 54 | HSCR | 比较复位（高速计数器） | ○ | — | |
| | 55 | HSZ | 区间比较（高速计数器） | ○ | — | |
| | 56 | SPD | 速度检测 | — | — | |
| | 57 | PLSY | 脉冲输出 | ○ | — | |
| | 58 | PWM | 脉冲幅宽调制 | — | — | |
| | 59 | PLSR | 加减速的脉冲输出 | ○ | — | |
| 方便指令 | 60 | IST | 状态初始化 | — | — | |
| | 61 | SER | 数据搜索 | ○ | ○ | |
| | 62 | ABSD | 绝对值式凸轮顺控 | ○ | — | |

| 分类 | FNC No. | 指令符号 | 功 能 | D指令 | P指令 | 备注 |
|---|---|---|---|---|---|---|
| 方便指令 | 63 | INCD | 增量式凸轮顺控 | — | — | |
| | 64 | TIMR | 示教定时器 | — | — | |
| | 65 | STMR | 特殊定时器 | — | — | |
| | 66 | ALT | 交替输出 | — | — | |
| | 67 | RAMP | 斜坡信号 | — | — | |
| | 68 | ROTC | 旋转台控制 | — | — | |
| | 69 | SORT | 列表数据排序 | — | — | |
| 外部设备 I/O | 70 | TKY | 0~9 数字键输入 | ○ | — | |
| | 71 | HKY | 16 键输入 | ○ | — | |
| | 72 | DSW | 数字开关 | — | — | |
| | 73 | SEGD | 7 段编码 | — | ○ | |
| | 74 | SEGL | 带锁存的 7 段显示 | — | — | |
| | 75 | ARWS | 矢量开关 | — | — | |
| | 76 | ASC | ASCII 转换 | — | — | |
| | 77 | PR | ASCII 代码打印输出能 | — | — | |
| | 78 | FROM | 特殊功能模块读出 | ○ | ○ | |
| | 79 | TO | 特殊功能模块写入 | ○ | ○ | |
| 外部设备 SER | 80 | RS | 串行数据传送 | — | — | |
| | 81 | PRUN | 并联运行 | — | ○ | |
| | 82 | ASCI | HEX→ASCII 转换 | — | ○ | |
| | 83 | HEX | ASCII→HEX 转换 | — | ○ | |
| | 84 | CCD | 校正代码 | — | ○ | |
| | 85 | VRRD | FX→8AV 变量读取 | — | ○ | |
| | 86 | VRSC | FX→8AV 变量整标 | — | ○ | |
| | 87 | | | | | |
| | 88 | PID | PID 运算 | — | — | |
| | 89 | | | | | |
| 浮点数 | 110 | ECMP | 二进制浮点数比较 | ○ | ○ | |
| | 111 | EZCP | 二进制浮点数区间比较 | ○ | ○ | |
| | 118 | EBCD | 二进制浮点数→十进制浮点数转换 | ○ | ○ | |
| | 119 | EBIN | 十进制浮点数→二进制浮点数转换 | ○ | ○ | |
| | 120 | EADD | 二进制浮点数加 | ○ | ○ | |
| | 121 | ESUB | 二进制浮点数减 | ○ | ○ | |
| | 122 | EMUL | 二进制浮点数乘 | ○ | ○ | |

| 分类 | FNC No. | 指令符号 | 功　　　能 | D 指令 | P 指令 | 备注 |
|---|---|---|---|---|---|---|
| 浮点数 | 123 | EDIV | 二进制浮点数除 | ○ | ○ | |
| | 127 | ESOR | 二进制浮点数开平方 | ○ | ○ | |
| | 129 | INT | 二进制浮点数→BIN 整数转换 | ○ | ○ | |
| | 130 | SIN | 浮点数 SIN 运算 | ○ | ○ | |
| | 131 | COS | 浮点数 COS 运算 | ○ | ○ | |
| | 132 | TAN | 浮点数 TAN 运算 | ○ | ○ | |
| 时钟运算 | 147 | SWAP | 上下字节转换 | ○ | ○ | |
| | 160 | TCMP | 时钟数据比较 | — | ○ | |
| | 161 | TZCP | 时间数据区间比较 | — | ○ | |
| | 162 | TADD | 时钟数据加 | — | ○ | |
| | 163 | TSUB | 时钟数据减 | — | ○ | |
| | 166 | TRD | 时钟数据读出 | — | ○ | |
| | 167 | TWR | 时钟数据写入 | — | ○ | |
| 接点比较 | 170 | GRY | 格雷码转换 | ○ | ○ | |
| | 171 | GBIN | 格雷码逆转换 | ○ | ○ | |
| | 224 | LD= | （S1）=（S2） | ○ | — | |
| | 225 | LD> | （S1）>（S2） | ○ | — | |
| | 226 | LD< | （S1）<（S2） | ○ | — | |
| | 228 | LD<> | （S1）不等于（S2） | ○ | — | |
| | 229 | LD<= | （S1）<=（S2） | ○ | — | |
| | 230 | LD>= | （S1）>=（S2） | ○ | — | |
| | 232 | AND= | （S1）=（S2） | ○ | — | |
| | 233 | AND> | （S1）>（S2） | ○ | — | |
| | 234 | AND< | （S1）<（S2） | ○ | — | |
| | 236 | AND<> | （S1）不等于（S2） | ○ | — | |
| | 237 | AND<= | （S1）<=（S2） | ○ | — | |
| | 238 | AND>= | （S1）>=（S2） | ○ | — | |
| | 240 | OR= | （S1）=（S2） | ○ | — | |
| | 241 | OR> | （S1）>（S2） | ○ | — | |
| | 242 | OR< | （S1）<（S2） | ○ | — | |
| | 244 | OR<> | （S1）不等于（S2） | ○ | — | |
| | 245 | OR<= | （S1）<=（S2） | ○ | — | |
| | 246 | OR>= | （S1）>=（S2） | ○ | — | |

# 附录 E

## 全国机电一体化设备组装与调试竞赛用电气器件图形符号表

全国机电一体化设备组装与调试竞赛用电气器件图形符号表，如表 E-1 所示。

表 E-1　全国机电一体化设备组装与调试竞赛用电气器件图形符号表

| 名　　称 | 图形符号 | 说　　明 |
|---|---|---|
| 三相四线漏电开关（示例 4） | | 参照 S00295 的组合方法创建。<br>精确说明开关的手动操作功能和热脱扣、电磁脱扣和对地故障电流脱扣功能，但取消自由脱扣器 |
| 变频器示例 | | 用带注释的框来表示 |
| 直流稳压电源 | | 以 S00213 变换器（一般符号）为基础，加限定符号 S00646（齐纳二极管）并旋转 |
| 三相笼式感应电动机 | | S00873（三相异步电动机，一般符号） |
| 直流电动机 | | 电动机一般符号（S00819）+直流概念要素（S01401） |
| 熔断器 | | S00362（熔断器，一般符号） |
| 蜂鸣器 | | S00973（蜂鸣器，一般符号） |
| 指示灯 | | S00965<br>注：如果要求指示颜色，则在靠近符号处标出下列字母：RD〈红〉、YE〈黄〉、GN〈绿〉、BU〈蓝〉、WH〈白〉。 |

| 名　称 | 图　形　符　号 | 说　　　明 |
|---|---|---|
| 双色警示灯 | +24 V(RD)　0 V(BK)　BN RD GN | S00059　+　S00966 |
| 磁性开关 | | S00360（磁性开关，一般符号） |
| 电感式接近开关 | | S00059　+　S00359　+　S00583 |
| 光电式接近开关 | | S00059　+　S00359　+　S00642 |
| 驱动器件一般符号 | | S00305 |
| 电磁阀驱动线圈 | | S00305　+　JB/T 2937-2008　13.1.1<br>注：YL-235A 只有电磁阀作驱动器件，也可使用驱动器件一般符号 |
| 手动操作开关 | | S00253（一般符号） |
| 无自动复位的手动旋转开关 | | S00256（一般符号） |
| 自动复位的手动按钮开关 | | S00254（一般符号） |
| 自锁式按钮开关 | | S00171　S00151　+　S00277 |

| 名　　称 | 图　形　符　号 | 说　　　　明 |
|---|---|---|
| 急停开关 |  | S00258（一般符号） |
| 人机界面 | HMI | 用带注释的框来表示<br>注：尚未标明引线，实际使用时应有引线 |
| 配套连接器 |  | JB/T 2937–2008　6.3.7，<br>本符号表示插头端固定和插座端可动 |
| 双向总线指示符 | ⟷ | S01733（一般符号） |

# 附录 F

## 用 SFC 编制 PLC 程序入门

用 PLC 设计控制系统程序时，当控制系统的工作流程规律性强时，就可采用 SFC 的编程方法，具体操作步骤如下：

启动 GX Developer 编程软件，单击 "工程" 菜单，选择 "创建新工程" 命令或单击新建工程按钮，如图 F-1 所示。

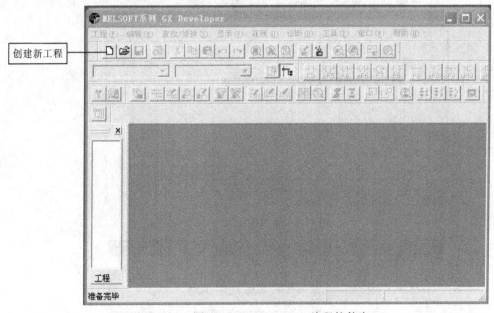

图 F-1　GX Developer 编程软件窗口

弹出 "创建新工程" 对话框，如图 F-2 所示。在 PLC 系列下拉列表框中选择 FXCPU，PLC类型下拉列表框中选择 FX2N（C），程序类型选择 SFC，在工程名设定中设置好工程名和保存路径，之后单击 "确定" 按钮。

弹出块列表窗口，如图 F-3 所示。

双击第 0 块，弹出 "块信息设置" 对话框，如图 F-4 所示。

在块标题文本框中填入 "激活步进编程"（也可填其他标题或不填），块类型选择 "梯形图块" 选项，编写此段梯形图的目的是激活 SFC 编程的初始状态步，放在 SFC 程序的起始部分（即第一块），单击 "执行" 按钮，弹出梯形图编辑窗口，如图 F-5 所示。

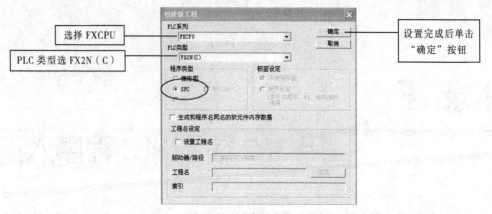

图 F-2　创建新工程对话框

图 F-3　块列表窗口

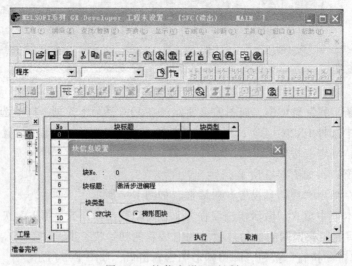

图 F-4　块信息设置对话框

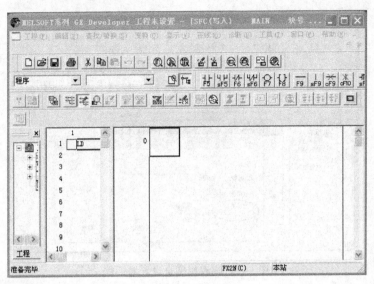

图 F-5  梯形图编辑窗口

在右边梯形图编辑窗口中输入启动初始状态的梯形图，图 F-6 是项目 5 用可编程序控制器 PLC 控制搬运机械手的启动初始状态梯形图程序段。其中 FX2NPLC 的一个特殊辅助继电器 M8002 的加电脉冲使 SFC 编程初始状态生效，加电后，M8002 自动产生一个加电脉冲，使程序指向第 S0 块。

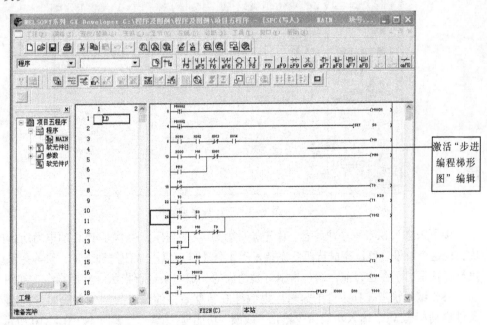

图 F-6  项目五激活步进编程梯形图

输入完成，单击"变换"菜单，选择"变换"命令或按【F4】快捷键，完成激活初始状态梯形图的变换。完成后，双击左边工程数据列表窗口中的"程序"选项、选择 MAIN 选项，返回块列表窗口（见图 F-7）。双击第一块，弹出"块信息设置"对话框，如图 F-7 所示，在块标题文本框中输入"主流程"（也可填其他标题或不填），块类型选择"SFC 块"选项。

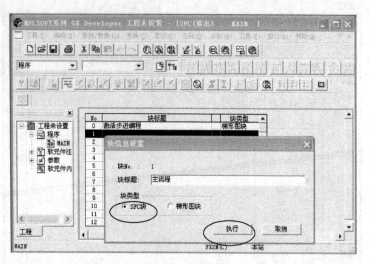

图 F-7　流程块信息设置对话框

单击"执行"按钮，弹出 SFC 程序编辑窗口，如图 F-8 所示。

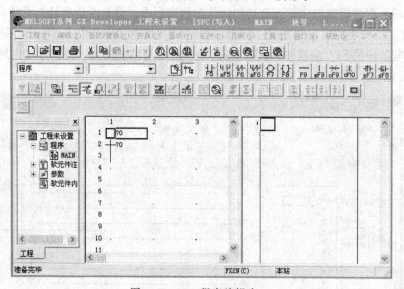

图 F-8　SFC 程序编辑窗口

接下来进入 SFC 程序块编程，首先编写第 S0 块的程序，S0 块是 PLC 加电后所指向的第一个块，在这个块里也可以完成待机状态指示等工作（也可以不做任何动作），只等待系统启动命令执行。这里由于在运行前，运行指示灯是熄灭的，加一条运行指示灯复位指令，如图 F-9 所示。

SFC 编程状态转移条件的编辑。以编号 0 转移条件的编辑为例，方法如下：输入状态转移条件启动标志 M0，输入功能指令输出"线圈"功能框"　"，如图 F-10 所示，单击"确定"按钮，得到未变换的状态转移条件，如图 F-11 所示，单击"变换"菜单选择变换命令，完成编号 0 状态转移条件的编辑，如图 F-12 所示。用同样的方法完成编号 1 转移条件的编辑，如图 F-13 所示。

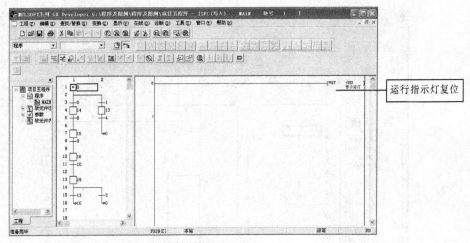

图 F-9　第 S0 块中的程序

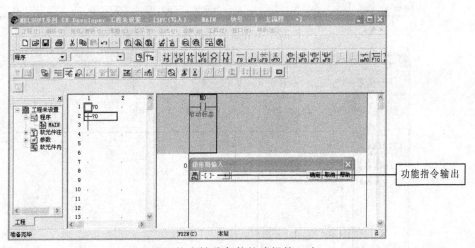

图 F-10　SFC 编程状态转移条件的编辑第一步

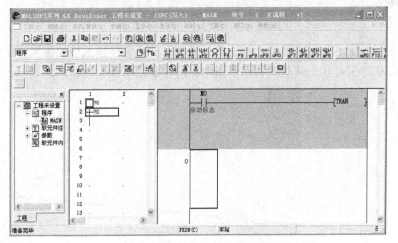

图 F-11　SFC 编程状态转移条件的编辑第二步

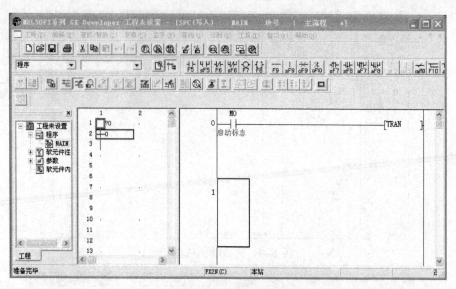

图 F-12　SFC 编程状态转移条件的编辑第三步

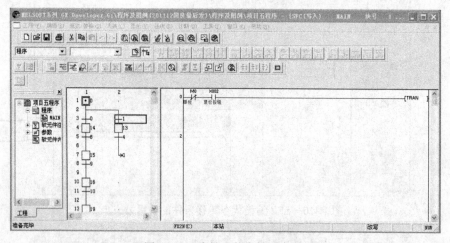

图 F-13　编号 1 状态转移条件

　　与项目 5 用可编程序控制器 PLC 控制搬运机械手的其它转移条件的编辑方法类同，这里不再赘述，相应总的 SFC 状态转移图和梯形图编程内容参见项目 5 内容。

# 思考与练习参考答案

**项目 1**

一、判断题

答案：1. ×  2. √

二、选择题

答案：1. B  2. C

**项目 2**

一、判断题

答案：1. √  2. ×  3. √  4. √

二、选择题

答案：1. A  2. D  3. B

**项目 3**

一、判断题

答案：1. ×  2. √  3. √  4. ×

二、选择题

答案：1. B  2. C

**项目 4**

一、判断题

答案：1. ×  2. √  3. √  4. ×

　　　5. ×  6. √  7. ×  8. √

二、选择题

答案：1. A  2. C  3. B  4. D

**项目 5**

一、判断题

答案：1. √  2. ×  3. √  4. ×

二、选择题

答案：1. C  2. B  3. C

**项目 6**

一、判断题

答案：1. ×  2. ×  3. √  4. √

二、选择题

答案：1. C  2. B

**项目 7**

一、判断题

答案：1. √  2. ×

二、选择题

答案：1. A  2. B

# 参 考 文 献

[1] 张立勋. 机电一体化系统设计基础[M]. 北京：中央广播电视大学出版社，2003.

[2] 赵燕，周新建. 可编程序控制器原理与应用[M]. 北京：中国林业出版社，北京大学出版社，2006.

[3] 谭定忠，等，传感器与测试技术[M]. 北京：中央广播电视大学出版社，2002.

[4] 国家职业资格培训教材编审委员会，黄涛勋. 液气压传动[M]. 北京：机械工业出版社，2010.

[5] 劳动和社会保障部，中国就业培训技术指导中心. 国家职业资格培训教程 维修电工（技师技能 高级技师技能）[M]. 北京：中国劳动社会保障出版社，2004.

[6] 浙江省劳动和社会保障厅，浙江省职业技能鉴定中心. 维修电工（初级、中级）[M]. 杭州：浙江科学技术出版社，2009.

[7] 廖常初. S7-300/400PLC 应用教程[M]. 北京：机械工业出版社，2009.

[8] 岳庆来. 变频器、可编程序控制器及触摸屏综合应用技术[M]. 北京：机械工业出版社，2009.

[9] 浙江天煌科技实业有限公司. THJDMT-1 型机电一体化综合实训考核装置实训指导书.

[10] 三菱电机. 三菱通用变频器 FR-E700 使用手册.

[11] 三菱电机. 三菱微型可编程控制器 FX1S、FX1N、FX2N、FX2NC 系列编程手册.

[12] 北京昆仑通态自动化软件科技有限公司. MCGS 工控组态软件嵌入式用户手册.

[13] 西门子有限公司. SIMATIC HMI WinCC flexible 2008 系统手册.

[14] 深圳市雷赛机电技术开发有限公司. 3ND583 低噪声细分步进驱动器使用手册.

[15] 三菱电机. 三菱通用交流伺服系统 MELSERVO-J2-Super 系列伺服放大器技术资料集.